未来都市神戸構想

世界初、100年先の
未来モデル都市が
神戸に誕生すると

白川欽一
SHIRAKAWA KINICHI

幻冬舎MC

未来都市神戸構想

～世界初、１００年先の未来モデル都市が神戸に誕生すると～

はじめに

このイラストは、１００年後の未来に生きる子供達の日常生活の一部を想像して描いています。そこにはスマホも紙幣も存在していません。身体の一部に埋め込んだ小さなチップが生活の全てを担う世の中になります。

この本を読み進めると１００年後の未来社会がおぼろげながら想像がつきます。

想像力と発想転換で、私達の子孫が平和で希望に満ち、豊かな生活が送れる社会を実現させる物語です。

貴方の20年後30年後の社会生活が理解出来て、貴方の生き方を変えるターニングポイントになるかも知れません。

私は神戸市民として60年超神戸で暮らしています。在住しています。

１９９５年の阪神・淡路大震災でダメージを受けた神戸市街地は、倒壊と火災による瓦礫で覆われて、想い出のある建物は軒並み消滅してアルバムに残るだけとなりました。

現在、素早い復興で、震災があった事すら忘れ去られています。凄い事です。そこで神戸市が巨大な経済マーケットの中心になり世界中のリーダーが驚く四つの政策アイデアを提案します。

その一つが神戸市民の大半が日本語と英会話が可能な二か国語圏構想です。世界に羽ばたける人材育成を神戸市が担い、０歳時から英語の幼児教育を始め、中学校を卒業する15歳にはネイティブレベルの英語を完全にマスターします。高校生以降の大学教育などでは完全な英会話が基本になります。世界初、市が主体の二か国語圏、実行させた市長さんの名声は世界に拡がります。

二つ目に神戸市の海上沖合に、世界初の大きさ一辺１０００ｍ×１０００ｍの面積の土地14個を一つに纏めた巨大なプラットホーム型海上都市を建設します。今や人生１００年時代です。市政も１００年先を見据えた未来を先取りした未来都市神戸を５兆円の規模で建設します。

未来都市完成までに20年掛かります。そこで三つ目として、その間にドローン車開発を進め、第三の交通アクセスにドローンルートを設けます。神戸市の中心地、ＪＲ三ノ宮駅と新幹線新神戸駅、神戸を代表する大型のビル屋上にドローン車発着場を造り定期航路を設置します。外国から関西国際空港に到着した観光客は20分後には未来都市神戸に到着出来ます。

四つ目は、未来都市神戸に世界未来研究機関と専門大学、高校を併設します。世界中の未来研究の専門家を招聘して地球環境の未来予測に基づく、お米、パンに代わる新たな食物の開発製造、未来人類をサポートする人型ロボットの研究、地下資源を使わないエネルギー開発研究をします。

日本国の未来に明るい兆しが見えないので、特別プロジェクトが必要と考えました。大胆な発想で絶対不可能と思う発想程、完成すると人に与えるインパクトが大きく人の興味を引き、出来ない事業程社会構造を大きく変化させるのです。

見たい、知りたい、体験したい、知識力旺盛な人が世界に溢れています。戦争の起きない日本、安全な日本、豊かな日本、日本が世界経済の中心となる、特別な事業を皆で考えましょう。

日本人は太平洋戦争の敗戦国から世界2位の経済国に発展させました。あの時のエネルギーがあれば、知力と想像力と努力と根気力で実現させる力を有しています。

世界中の人を驚かそうではありませんか。そして世界中の人が一度は訪れたい街、ナンバーワン神戸にしたい。変える人は、貴方です。

目次

第1章　神戸の再生

1

阪神・淡路大震災を乗り越えた、港町神戸を世界の有名都市に変える

このイラストは明石海峡大橋です。世界で2番目に長い橋です。
この橋の10倍規模のビッグプロジェクト、
神戸市の沖合海上に浮かぶ未来都市神戸を建設します。

神戸市の沖合海上に巨大な空中に浮かぶプラットホーム型未来都市神戸を建設しましょう。２０２５年度から１２０年後の２１４５年頃の未来社会を先取り体験出来るモデル都市です。

私は日本国の兵庫県神戸市に住んでいます。世界中の人で、我が町、神戸を知っている人はどの位いるでしょうか。

世界地図の何処にあるかも知らない人が多いでしょうね。しかし阪神・淡路大震災の神戸なら、皆さん知っているかも。

そんな神戸市を世界中の人が一度は訪れたい街、一生に一度は旅行に訪れたい街に変えたい。世界の観光客が大勢

訪れる場所＝観光のメッカです。

２０２５年計画開始から事業設計説明、資金調達、工事会社の選定、近隣交渉など10年程掛けて２０３５年着工して２０４５年頃に竣工します。

この本を発行する２０２３年から約１２０年先の未来社会はどのように変化するか、私達には想像出来ないと思うでしょうが、私は今では考えられないような夢のような未来社会を神戸市に創りたいのです。神戸を大胆に変えます。世界中の人が驚き羨望の目を神戸に向けます。人が殺到します。経済が潤います。神戸をどのように変えるか、最後まで一読をお願いします。時間の無駄にはしません。貴方に元気を、仕事にヤル気と、将来の希望が湧き、人生が楽しく過ごせるようになります。

その前に、神戸と言えば世界で2番目の長い海峡橋、明石海峡大橋があります。明石海峡大橋の構想を考えた人が過去にいました。ご存じですか？

昭和28年、元神戸市長の原口忠次郎さんが世界最長の明石海峡大橋の建設構想を発表されたようです。今から70年前です。

中国自動車道、名神高速道路、阪神高速道、そして明石海峡大橋を通り淡路島経由で四国への連絡道になっています。時々、私も利用している便利な橋ですが、橋が完成するまではフェリーで本土と淡路島を人は行き来していました。それが当たり前の時代です。ところが播淡連絡汽船のせきれい丸が明石海峡で沈没して３０４名の方が犠牲になり、一挙に橋の建設意見が出て１９８８年5月着工、１９９８年４月に完成、供用開始されました。工事開始からわずか10年で完成しましたが、構想から完成までは45年も掛かっています。

私が提案するのは、明石海峡大橋の数十倍規模の建設費5兆円を超える大規模なプロジェクトです。

このプロジェクトでは2035年に着工、2045年に完成した時点より100年後の2145年頃の未来都市を世界に先駆けて神戸沖に建設します。大それたバカげた計画です、誰も真剣に考えないでしょう。しかし、誰も出来ないと思うでしょうが、出来ない事をやるから成功すると何十倍かの恩恵を受ける事が出来るのですよ。

誰もが無理と思う事を実現させるのが人間です、日本中の市民の力を借りてアイデアを一般から募ります。良いアイデアを専門家が選択して、技術力のある企業が夢の世界を創るのです。

最初から無理だと決めつけずに、世界の中に沈みゆく経済と、人口減を朝日が昇るが如くの日本に出来るチャンスを無駄にしないでください。

2

想像と夢の世界、100年先の未来生活を20年後に創る

神戸市海上沖合に誰も想像しない世界で初めての、空中に浮かぶ、災害に強い100年先の未来都市神戸を建設するプロジェクトの完成イラストです。完成するとこんな景観になります。

イラスト作成者のご協力で窓の一つ一つが見える緻密な未来都市完成図を描いていただきました。空中にはドローン車が飛び交い、海上にはクルーザーが海外から到着しています。

イラストの建物の形状は現在と変わりません。それは、現在の私には未来建築物の形状は現像出来ないためです。

２１４５年頃の未来都市建設に向けて計画が進むと、未来都市神戸の建物の形状はこのイラストと随分と違う景観になるでしょうが、こんなデッカイ空中都市が神戸に出来るのです。

未来予測に長けた人達で研究機関を設けて約１００年後の未来都市の形状と生活様式、職業の変遷、乗り物、建築物概要、新たな主食の発明、地球資源の共有制度、戦争回避の制度設計などについて世界中から専門家を招聘して未来の地球規模での未来の予測をします。

世界中から大人も子供も、建築技術者や

未来研究専門家、未来志向の企業、学校単位、個人でも頭に描いた未来建築物のアイデアを募集して、イラストを土台にして未来人類の家庭生活、社会基盤を基に、発展した社会を創ります。
120年後の未来の建物は現在と建築素材も外観デザインも建物を維持する空調設備も大きく変化します。特に地球環境に優しいカーボンゼロが目安です。

空中に浮かぶプラットホーム型敷地には重量制限があります。高層建築物は海底の基礎杭を基盤に立ち上がり、基礎構造の一部はプラットホーム型未来都市の支持基盤になりますが、台所のテーブルの脚を半分にしてその上に建物を構築する方法なので重量のある建築資材を極限的に減らします。在来方式のコンクリートと鉄骨の建築仕様は適していません。未来の建築物は樹脂と鉄、千年材の木材とコンクリートを合体したような資材で出来るでしょう。

軽量で丈夫で長持ち、工法が簡単、安価で建築後の安全性能が優れ使いやすい、地球環境に優しくなどの条件を加味すると、マッチ箱のような箱を積み重ねて自由自在なデザインの建物が建設可能で、積み重ねた箱の周りを鉄骨で覆う方式が理想でしょう。外壁も樹脂と布などを利用し、太陽光発電が出来る素材を利用して、環境を考慮出来る素材が発明されるでしょう。

増改築可能で火災と地震、台風に強い建築工法が確立します。形状もドーム型、石油タンク型、ピラミッド型など自由な発想で使い勝手の良いデザインの建物になるでしょう。発想力豊かな設計士と建築工学の進化で驚くような建物が建設され、未来人類の働きやすい事務所やマンションも東西南北、何処の部屋でも太陽光が降り注ぐ明るい快適な部屋が作られ、空調設備も効率が向上して電力量も少しで快適な住まいとなっています。

未来都市神戸は海上の空中に浮かぶ巨大都市です。軍事利用以外の海上飛行場、沈みゆく島の基幹部分をこの未来都市で補えます。空中に浮かぶので建設場所は選びません。何処にでも設置出来ます。

上記で述べた内容の建築物をすでに研究済みの会社もあると思います。発想と実行力で未来建築物のパイオニアになられ、日本から世界中の建築業界を驚かせる資材を開発されますよう期待しています。そうです、この本をお読みいただいている貴方の仕事です。

3

ご存じですか、明石海峡大橋の構想を描いた人は神戸の元市長さんです

ご存じと思いますが、先見性を持った先人が神戸に恩恵をもたらしました。

神戸に明石海峡の巨大なプロジェクトを計画された人がいました。

国民が夢と希望を持てる日本をけん引する大胆な発想を、政治家も自治体の首長さんも科学者も失くしてしまったように思う近年、原口忠次郎さんの明石海峡大橋構想の先見性を見習って欲しいものです。

原口市長は工学博士だったと記憶しています。

こんな偉大な人が再び現れて、未来に世界の誰もが知っている神戸、世界中の誰もが一度は神戸を訪れ

たいと思う街にしませんか？

関西空港も一時は神戸国際空港としての計画がありました。しかし、時の政治家が一部の方の反対を真に受けて神戸国際空港計画を撤回しました。今は神戸空港という地方空港として運営されていますが、もし一部の方の反対を押して神戸国際空港としての機能を維持していたら関西空港は不要、伊丹空港と神戸国際空港で住み分け、神戸から2時間も掛けて関西空港に向かう時間節約にもなり、近くて便利な国際神戸空港として神戸の街に大きな恩恵をもたらす成果があったと思われます。

神戸の街を活性化させ経済発展、世界の神戸市になれる未来事業構想計画を出来る人、未来の神戸の歴史に名前の残る事業計画を運営出来る人、出でよ。

科学者でも、経済学者でも、政治家でも良い、高校生、大学生もチャンスですよ。私も、人から出来ないバカな事を考えてと、ご批判を承知でこの本を出版致しました。

4

かつては輝いていた神戸のように、人が集い経済的な街に蘇らせる

世界中の人が神戸を、人生に一度は訪れたい観光都市にします。
日本で一番、経済が潤い、生活向上で人口増加可能都市、
外国人から魅力ある街が誕生します。

世界中の人が誰でも知っている街、人生に一度は訪れたい街、世界の観光のメッカに神戸がなれます。未来都市神戸が完成すると、世界を代表するリーダーと言われる政治家も科学者も、企業経営者も国の官僚も、未来社会を体験に訪れ、観光客が年間３０００万人位、来神予定です。

現在の神戸市は神戸市民にとって住みやすく、瀬戸内海の魚が豊富で神戸牛など味覚の街、魅力ある神戸と思っていますが、将来への経済的発展性は残念ながら今の政治政策では望みが薄いと思います。

神戸が輝いていた時代は三菱重工、川崎重工、神戸製鋼、

三菱造船、灘の清酒、長田のケミカルシューズなどの老舗企業が日本の経済発展を支え、そして貿易港として日本ナンバーワンの時代もありました。

神戸港を「はしけ」がひっきりなしに行きかい、造船所のガントリークレーンを目印に客船も神戸から九州、四国、横浜に昼夜出港して、それは賑やかな港でした。

神戸の街の北野町界隈、貿易商社の支店があった中央区海岸通一帯はビル街で欧米系の人達と日本人が街中を歩き、神戸が貿易港として栄え経済活動が華やいでいた良き時代が有りました。三宮周辺を散策する西洋人の艶やかな服装と香水の香りに圧倒されながら、英語で話し掛けられても困るので、遠くから楽し気な様子に羨望していた時代でした。

神戸市が輝いて未来が明るかったあの時に戻したい、世界中で一番魅力ある街に変貌出来る計画です。

少子化の現代に神戸市が英会話と日本語の二か国語圏になると、子供の未来に繋がる教育方針に賛同して日本全国から神戸で生活したい人が殺到します。また、世界から日本で経済活動する外国人が家族と一緒に来神します。世界の一流企業が日本で事業計画する時は神戸に拠点を設けます。

5

神戸市を日本の首都に次ぐセカンド経済都市に変える

魅力にあふれた未来都市が実現すると、
神戸市を日本の経済都市にして首都東京に次ぐセカンド首都神戸に変えられます。

神戸は海と山に挟まれた街で、市内繁華街三ノ宮駅から山のふもとに出来た新幹線新神戸駅まで歩いて20分位の位置にあります。

反対に海に向かって20分位歩くとそこに神戸税関のビルがあり、そのまま歩くと世界に広がる港に出ます。このままでは１００年先の神戸市の経済発展性に大きな希望が持てませんが、景観良し、美味しい食材に恵まれており、神戸市の良い面はいっぱいあります。

日本の人口ランキング（２０２２年）では神戸市は7位、「全国住みたい街ランキング」（生活ガイド.com）では1位が横浜で2位札幌、3位福岡で、神戸は8位となっています。一方、神戸市立医療センター中央市民病院が平成26年度から7年連続で「救命救急センターの評価結果」第1位に選ばれるなど、医療先端都市としての、イメージも高いようです。

次に子育て関連では、家族で遊びに行ける施設や児童館が多くあり、山が近くで自然と触れ合える場所がいっぱいあります。

食味では、港町神戸は日本開国以来、外国人が沢山居住していたので洋食文化も発展しています。その上灘五郷の清酒が有り、瀬戸内海に面して魚類豊富なので、日本料理店や神戸牛ステーキなど神戸市民の胃袋を満たしています。高級な食材が豊富で、美味しいお店も他の都市に負けません。

世界から観光客が来神すると、神戸市民は困るかも知れません。限られた神戸牛の値段が高騰する、レストランの予約が取れない。こんな悩ましい事が起きる神戸を、昔の賑やかで繁栄していた神戸を再現します。イヤ、過去の神戸の歴史に経験した事のない世界に誇る神戸市に変えましょう。

6

世界の人が神戸に魅せられて、幾度も訪れて、住みたい街に

神戸市は鉄道と道路の交通網に恵まれて職住近接で住みやすく、瀬戸内海の新鮮な魚類、神戸牛、日本酒、神戸発祥のお菓子類など美味しい食べ物に恵まれた街です。

神戸市の良い面は、仕事で働く市内中心街と居住区が近く、職住近接、平均通勤時間が短いことです。

神戸市街地と言われた中心地は海と山に挟まれた東西に長い街です。

大阪からも九州からもトンネルを抜けると、そこが新幹線新神戸駅で、トンネルとトンネルに挟まれた狭い空間に位置します。

その新幹線駅から海岸まで僅か2キロ程自転車で海を目指し漕ぎ出すと、後はペダルを漕ぐよりもブレーキ操作に追われるうちに終点に行き着くような、南北が短く、東西に長い市街地が広がります。

僅か南北２kmの間に山手から南に、鉄道は新幹線、ＪＲ在来線、阪急電鉄、阪神電鉄、山陽鉄道と、道路交通網は山手幹線、国道2号線、阪神高速道路、国道43号線など東西に物流と人を移動させる大動脈が神戸市内を横切っています。だから阪神・淡路大震災では高速道路も鉄道路線大阪と神戸間で遮断され、九州と東京間の大動脈が停止して物流が途切れて、日本経済に大きなダメージを与えました。

神戸は日本の東西を結ぶ交通拠点であり、日本の物流の心臓部です。

神戸観光はハーバーランドから観光船で明石海峡大橋を下から仰ぎ見て、振り向くと四季ごとに彩りを変える六甲連山に抱かれた神戸市街地を眺め、両手を横に広げて神戸市内をスッポリ包み込む事も出来ます。

その後、夕闇が迫る頃に六甲山、摩耶山へケーブルで登り、頂から１００万ドルの夜景と神戸沖に埋め立てた六甲アイランド、ポートアイランドの沖合に浮かぶ神戸国際空港と、さらにその近くに未来都市神戸が完成すると世界最高の景観地帯になりそうです。遠くには関西空港を眺める観光旅行が人気になります。

以上、神戸観光のご案内です。勿論、未来都市神戸が完成すれば六甲山からの夜景は世界一になるでしょう。

7

世界中の政治家が驚く都市改革モデルになる

日本の地方都市において世界中の政治家が驚く都市改革を成し遂げられます。

僅か50～60年程の間に神戸市の繁華街が新開地から三宮に入れ替わりました。今の環境では神戸市は日本六大都市から弾かれてしまいます。

ここで疑問に思う事が有ります。何故、繁栄していた新開地と神戸駅が寂れたのか？　神戸市だから神戸駅周辺が繁華街と思い来神した旅行客も多いと思いますが……。

終戦後暫くはＪＲ神戸駅が神戸で一番繁栄していた駅でした。神戸駅の海側には日本を代表する数社の重工業、造船所などが有り、通勤時間帯には多くの勤め人の乗降で混雑していました。反対の山側出口を出ると湊川神社、市役所が近隣に有り、大阪ガスビル、賑わう交差点の一角には新開地一番のビル聚楽館が聳え立ち、神戸一番の繁華街でした。

当時は娯楽の新開地が有名で、新開地商店街を歩くと、劇場、映画館など軒を接して娯楽の殿堂でした。商店街の裏筋には福原遊郭の名残の飲食店が並び、昼は映画館通り、夜は遊郭街が賑わい娯楽施設が一堂に集まったような場所でした。土日には家族と一緒に散策する人で溢れ、人込みで毎日が縁日のような感じでした。

今では神戸駅に降り立っても、えっ、ここが神戸の中心地と驚く程、寂しい街に変わりました。いつの頃からか、神戸の街の中心はＪＲ三ノ宮駅を起点に変化しました。三宮には、市役所が移転して、銀行、証券など金融関係、「そごう」現在阪急阪神百貨店、大丸百貨店、三宮センター街、元町商店街など、オシャレな物販を扱う場所が集約し、三ノ宮駅を中心に賑わっています。50～60年の間に経済の繁栄地域が大きく変わりました。

その理由は沢山あります。しかし、その原因を述べるより、神戸駅と新開地地域のように寂れないような、ポジティブな未来都市神戸計画を今、始めなければ、これからの50年で神戸は沈没してしまいます。世界中の国が驚く神戸活性化計画を、乞うご期待ください。

8

外国人が集まるオシャレな街に

神戸市をオシャレで外国人がわんさか移住したくなる、革新的な世界のファッション都市に変えます。

日本中の若者を虜にするファッションの街、神戸にしよう。

神戸の街の印象はオシャレな街と感じた時もありました。阪急電車沿線には女学校が沢山あり、通学時間帯の電車の中ではそれぞれの学校の特色ある制服を着た女学生の黄色い声が響き、放課後には彼女達が三宮の繁華街を散策して、街中が輝いていました。

神戸の街は海と山に囲まれた横に細長い街です。お天気に恵まれると六甲山、摩耶山、再度山の樹木の変化で春の緑映える季節から夏景色、そして秋の終わり頃の紅葉の季節と、季節ごとに趣が変わり、だから街中を闊歩する女性の姿が生き生きと、綺麗に輝いていたように思います。

神戸の女性はお洒落で美しいと評判で、神戸レディと言われた時代がありました。しかし、最近の神戸レディには何処の都市でも見かけるように特別なイメージを持てなくなりました。

それは何故でしょうか？

ネットやマスコミの影響で日本全国の洋服のセンスが同じになったから？　外国人が闊歩する艶やかさがなくなったから？　コロナの影響？　理由はいろいろ考えられますが、神戸の女性も男性もファッションにもっと目覚めてオシャレをして街を闊歩するとよいのではないでしょうか。それも観光促進の目玉になるかもしれません。

未来都市神戸の目玉は未来社会の内容です。ファッション、芸能、メディア、飲食、住居、水道、電気、下水道、交通システム、建築物、職業もスマホ生活もお金の価値も現在とはガラリと変わります。未だ見ぬ世界、社会現象を、長生きすれば貴方も体験出来ます。勿論、貴方の子供や孫はその恩恵を体験出来ます。

第2章　未来都市・神戸の概要

9

未来都市・神戸の骨子

未来都市は２０４５年頃に竣工すると、
２１４５年頃の世界人類の未来社会生活モデルとなります。

イ、未来都市はいつ頃出来上がるのでしょうか？

もし、２年後の２０２５年頃この構想に中央政府の官僚が興味を持たれて、政治家レベルで協議され世界に向けて国の主導で世界の国家、大企業、富裕層にこのプロジェクトの投資要請説明で５兆円予算が実現出来るようになれば、地元の了承を取ってから２０３０年に高層タワーの基礎になる部分を埋め立て、２４０ｍの高層建築物の地盤安定工事と同時にプラットホームを支える柱部分の基礎工事に取り掛かりながら、プラットホーム構造物の建設を始めます。それから、プラットホームは長さ７㎞、幅２㎞の構造物ですから、中心部の東西南北８か所から同時に建設を開始します。着工から完成までの期間が短縮出来ます。

プラットホームの全容が見えたら、地上の建物の建設が始まり、着工から18年、２０４５年頃に完成します。

ロ、未来都市では何が出来るのでしょうか？

２０４５年から１００年後の未来都市ですから、職業も変化して住居も今の生活環境と随分違います。人類の知性で科学進化を遂げて地球温暖化、排ガスゼロの生活環境が当たり前になります。此の未来都市で事業活動を行い、居住する人達の生活に必要な動力源の電気製造工程で二酸化炭素排出ガスをゼロにします。

ハ、未来都市に滞在する人達の飲食物の大半を未来都市の中で賄うのですか？

もし大災害がこの街を襲ったら、阪神大震災のように物資運送手段が絶たれても、この街に滞在する人達の飲食物、動力はこの街の中で生産されるので安定した日常が過ごせるメリットが有ります。

ニ、飲料水の自給自足、ゴミ、排せつ物をエネルギーに変えるのですか？

大勢の人が未来都市に滞在すれば大量の水を必要としますが、未来都市の水道は海水浄化水が１００％

になり、この街の下に広がる海水を利用します。
人が食べれば排泄があります。排泄物とゴミ類は一か所に集められ、水分は二次水道水になり、未来都市で造られる野菜、果物などの栽培用、風呂、洗濯などに利用されます。固形物は可燃性の物は焼却され、その熱を利用して野菜工場、ホテルなどの給湯に利用されます。

ホ、最大のメリットは自然災害に強い街になる事ですか？

東南海地震が発生しても、建築物は強度耐震技術で安全です。また津波被害は海上24ｍの空中都市なので何らの心配もなく、街のインフラ設備にも支障がなく、人災事故をゼロに出来ます。

へ、未来都市では今の時代に夢に描いた世界が当たり前になりますか？

仮想空間、メタバースが進化して、自分のアバター（自分の仮想分身）を未来都市観光に瞬時に向かわせる事が出来、世界の何処からでもアバターを通じて未来都市の施設を体感する事が出来ます。例えば、アバターが未来都市のアーケード街を自動ロボット歩行車に乗って歌舞伎座の前で立ち止まり、看板を観て街の店舗前を散策しながら劇団四季劇場に向かい、アバターが自動ロボット車ごと入場します。自分は自宅でコーヒーを飲みながら実際に上演されているオペラ座の怪人を観劇して、劇場に来ている人と同じように拍手でカーテンコールの出演者の満足げな顔を見て、終われば劇場を後にして自動ロボット車が事前に予約した飲食街のステーキ店に連れて行ってくれます。

ただ、残念ながら、本人がこの街にいないのでアバターが食事する事は出来ません。此の未来都市の廃棄物ゼロ社会の根幹、上下水道の仕組みを見学に行く時はロボット車でアーケード街に接する無人自動走行バス&タクシーが、貴方を乗せた自動ロボット歩行車ごと乗り込み、目的地に安全に送り届けてくれます。


未来都市では人は本当に歩かないのですね、それが健康に良いとは思えませんけどね。便利すぎて、問題です。

ト、自動ロボット歩行車とは、どんなものですか？

現在、高齢者や介護関係で利用されている電動車イスのような乗り物でもう少し軽量に作られています。貴方の事務所で使い、貴方の自宅のリビングにあり、映画館のチョット良い席のような机のイスに車輪を付けてバッテリーとＡＩロボットを一緒にしたような自走式自動ロボット走行車が未来都市に訪れた人の数だけ存在します。

他の車に接触したり、倒れたりしない優れもので、座った人の安全を確保して貴方の行きたい所へ連れて行ってくれます。此の車は貴方と一体となり、劇場に乗ったまま入り、そのまま、貴方の購入したチケットの場所に自動で行き停止して、観劇が出来ます。食事に行く時も車ごと飲食店のテーブル前に連れて行きオーダーを取ってくれます。

宿泊予約のホテルに連れて行き、勝手にチェックインをして部屋に連れて行ってくれます。

一人一台の自動ロボット歩行車は便利すぎて、食べて、観光して歩かなければ、健康に悪いような気もしますが、運動嫌いの貴方に、如何ですか？

10

ドバイやシンガポールを超える経済都市を目指す

神戸市の沖合海上に、現在の埋め立てで出来たポートアイランドと六甲アイランドを二つ足した面積の空中土地を創ります。


説明がし易いように、巨大プラットホーム型未来都市と名称を付けました。

２０２５年を起点にして準備期間10年、工事期間10年を掛けて２０４５年頃に完成する予定です。

２０２５年から１２０年後の未来都市をイメージした街を創り、イラストのような形の未来都市神戸を建設するのです。２１４５年頃の未来社会はどのように変化するか興味ありませんか？　えっ、なんで、神戸？　それは、日本の首都、東京都が今以上の首都機能を備える事が難しくなり、これからも増え続ける観光客をもてなす事が出来なくなるはずだからです。

その受け皿として世界中の国々から沢山の観光客を神戸に呼び寄せ、神戸を世界の知名度ナンバーワン都市にするのです。パリ、ニューヨーク、サンフランシスコ、ロンドンは古い街、神戸に世界初のニューシティを創ります。

そんな事、出来る訳ない、と言わないでください。多分神戸市民全員が出来ないと、即断するでしょう。出来ないと思うから、出来ないので、出来ない事でも日本中の国民の知性を総動員して100年先の未来を想像して沢山のアイデアを出して、日本の技術力を発揮すれば出来ないような夢を現実にする事が出来ると信じます。

日本国民が実現する努力をすれば、出来ない夢の世界も実現可能になります。有る物を造っても誰も驚きません。まだ見ぬ世界を実現させ体験出来る神戸が生き返ります。貴方自身に当てはめれば、自分の感じた夢の実現に向けて今歩めば必ず、貴方に変化が生じ、貴方の未来を変える事が出来ます。それと同じです。

あり得ない事が実現出来た時、世界の過去の歴史に無い見た事も無い目新しい1世紀先の未来都市が完成すると、人は興味を持ち自分の目で見る為に、世界中から人が押し寄せます。見た事もない世界で生活体験した人は驚き未来に希望を持ちます。

規模はアラブ首長国連邦のドバイよりも小さい面積で、シンガポールの賑わいと千葉のテーマパークを合わせたような娯楽と観光、ドバイのように注目度の高い事業活動の街、知性溢れる未来都市が実現され、訪れた人は感動し、未来の人類生存に希望と夢を託せます。

地球温暖化で人類の絶望の未来が、明るい希望の未来に変化します。世界中の人が夢中になり訪れた人が夢と興味溢れる街を建設します。

俺に関係ないと思わずに、自分の殻に閉じこもらず、大きな世界、未来を想像ください。未来に絶望している若者に、伝えたい。未来は人が人の為に創ります。未来を創るのは「貴方」です。恩恵に浸れるのは貴方の子孫ですけど。

11

世界最大のプラットホーム型、空中に浮かぶ都市が出来る

神戸の街の雑草爺さんが、誰もがバカにして相手にしない程のデッカイ話をします。
神戸市民が未来志向で子孫の為に輝ける神戸を残すか、不要か、選択していただきます。

未来都市神戸は今から120年先の社会を再現します。世紀が変われば生活環境と労働環境が変わり、仕事も現在無かった仕事が主流になります。給与形態も変わり食べ物も新たに開発されます。余暇は増えて人に優しい便利な世の中になっています。ただし戦争が無ければ……。

前項の神戸の未来構想は終わり、ここでは神戸の街の活性化計画案を解説します。
120年先の未来社会を神戸沖に現実的に創るプロジェクトです。

場所の話から始めます。海を埋め立て出来上がったポートアイランド、同じく海を埋め立てた六甲アイランドの間、灘区の神戸製鋼神戸線条工場の沖合に未来都市特区を創ります。未来都市とは神戸市や大阪市のように埋立地ではありません。海の上に空中都市を建設します。

テーマは「120年先の未来社会を先取りして2045年頃に完成した時点で更に100年先の未来都市神戸を」です。大きさはポートアイランドと六甲アイランドを二つ足した位の面積で世界最大の空中都市が誕生します。

道路の整備も必要で、全ての地域への連絡アクセスは海中トンネルとドローンバス、ドローン車、クルーザーで結びます。

高層タワー、未来研究機関、ホテル、教育施設、ビジネス街、観光エリア、芸能施設街、未来型飲食街と上下水道、電気エネルギー施設など、120年先の社会生活を実感できる街を再現します。

投資資金は借金で賄いますが、完成すれば経済発展で税金は増加、返済は可能です。投資リスクの未来には美味しい果実が神戸に実ります。

12

未来都市の平面図

未来都市の平面図です。ただ私には２１４５年頃の建築物の想像が出来ません。今後の20年間で世界中の人からアイデアを募集します。

神戸市の灘区の沖合海上に２０２３年現在から１２０年先の未来都市を２０４３年に竣工させるプロジェクトです。

イラストはプラットホーム型未来都市のゾーンエリア区画平面完成図ですが、実際はもっと沢山の構造物が建設されます。プラットホーム型未来都市と言っても想像しにくいでしょうが、海面上に東京ドーム球場の数百個分の巨大な空中都市が出現すると考えてください。

世界中何処にもありません。世界中の注目を集め、日本の技術力に驚きます。

その未来都市は何処に創る？　どのような外観？　神戸市の得意な埋め立て地に建設するの？　いいえ、神戸市の得意な埋め立てではありません。それを解説します。

先ず、イラストの平面図をご覧ください。未来都市の形状です。世界で初めて地上の楽園を造ります。

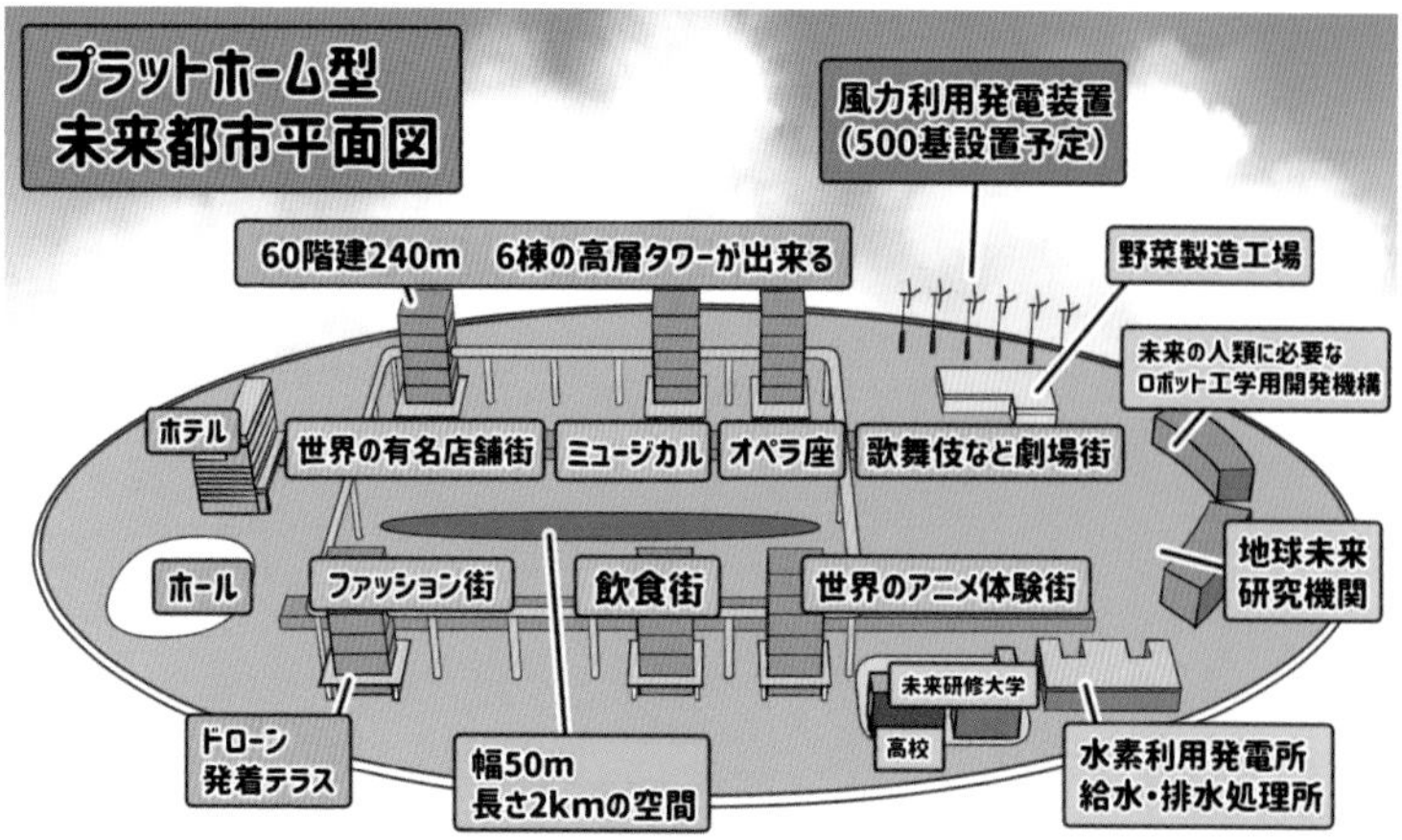

海を埋め立てるのと違い、海の上の巨大な楕円形のプラットホームを想像ください。多分プラットホームと言っても想像がつきにくいと思います。

貴方の今、座っている食卓テーブルの脚を短くして、短小の足をしたテーブルを風呂の湯の中に浮かべたような形状です。

場所はポートアイランドと六甲アイランドと摩耶埠頭沖の海面上です。海上高さ24ｍ、南北７０００ｍ、東西２００ｍの楕円形をしています。海上24ｍは此のプラットホーム型未来都市の下を小型船舶が自由に往来出来る高さである事と近未来に予測されている東南海地震による津波対策です。

解りやすく説明すると、神戸市の得意な埋め立てで出来た人口島、六甲アイランドとポートアイランドを二つ合わせた位の規模です。

完成すると、誰も想像していない、人類が初めて目にする結構な構造物ですよ。明石海峡大橋を数十個足したようなビッグプロジェクトです。

13

南北６㎞の巨大なアーケード街が誕生する

この街の中心には千葉のテーマパークの入り口にあるようなアーケード街が７㎞続きます。

未来都市の中心地には南北６㎞の車道と、その車道に沿って観光客を引き付ける芸術街、ファッション街、アニメ街、飲食街などの街並みが延々と続いています。

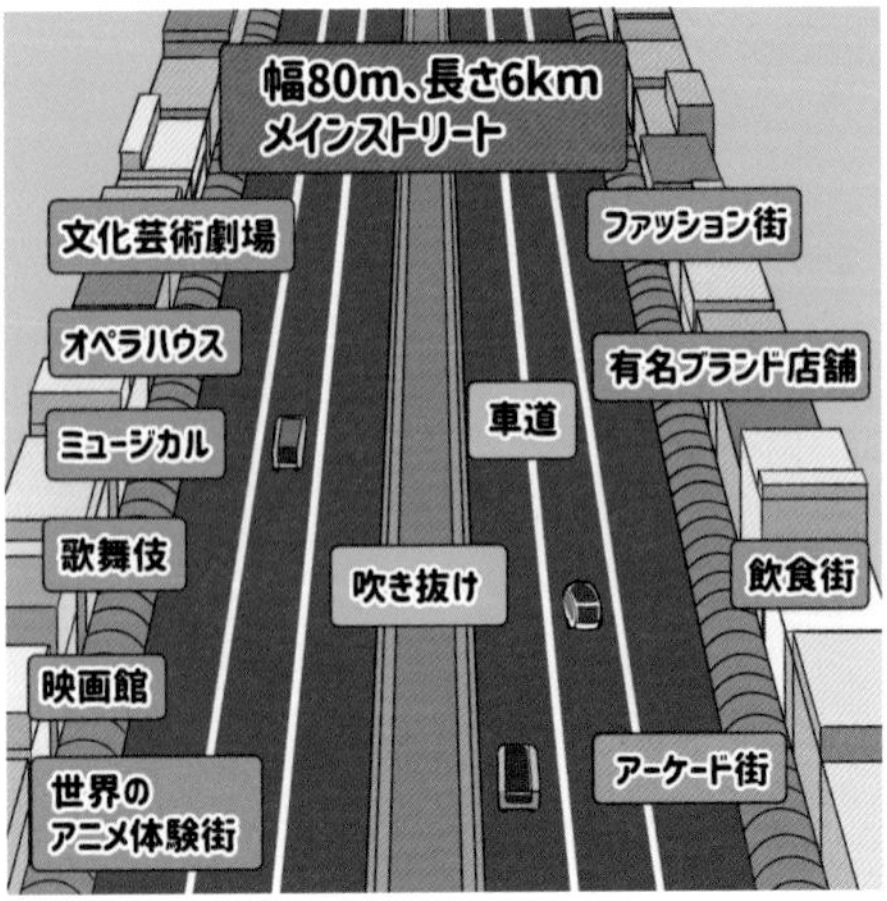

未来都市に滞在する期間、貴方を夢の世界にとっぷりと浸してくれます。

プラットホーム街の中心になる幅１００ｍ長さ２～４㎞の海面上は吹き抜けにしています。近くの建物から吹き抜け部分を覗くと海面が見え、プラットホーム型未来都市の下を航行する船が見下ろせて、航行する船は吹き抜け部分から空を見上げ航路の安全を確かめながら運行出来ます。

吹き抜け部分の両側に車道を設け、車道に沿って幅80ｍの歩道が接しています。その歩道は半ドーム型天井のアーケード街にします。北から南に６㎞の間、雨天でも風の日も冬も夏も気候に左右されずに観光が出来ます。

このドームは千葉のテーマパークにあるアーケードを思い

出してください。あの何十倍もの世界最大のアーケード街です、デッカイですよ。歩いても、歩いても、その先が見えません。

アーケード街の両側にはオペラハウス、ミュージカル劇場、歌舞伎座、日本を代表するお笑いの演芸場、サーカス団、日本伝統芸術館、巨大なライブハウス、体験型アニメ映画館も多数、人を世界から引き寄せます。世界中の漫画ファンのメッカになります。世界の芸術鑑賞館など、あらゆるジャンルの芸能技術を堪能出来て何日でも滞在出来る環境を造ります。

人が集まればホテルと飲食店が要ります。アーケード街には世界中の有名飲食店が軒を並べて営業しています。和食街、中華街、洋食街、軽食街、カフェなどの寛ぐお店も併設、特別な料理も味わえます。未来にしか食べられない、過去に食した事のない料理が考案されています。美味しく味わい深く、過去に食した事のない食材で出来ています。ご飯やパン類を超える未来食が期待されます。20年後、貴方がアーケード街で未来の芸術を楽しみ、飲食街で初めて食する未来の料理を堪能して、過去に見た事もないロボットの種類と利便性に驚き、体験型のイベントをお試し出来るチャンスが来れば良いのですが……。

14

外国から日本に到着した90分後には未来都市に降り立つ

大阪空港、関西空港、神戸の未来都市にドローン車で短時間で往来出来ます。

2025年頃には無人運転ドローンが空を飛行している時代です。

未来都市が完成する２０４５年にはドローンバス、ドローンバスが近距離の輸送手段の一つになっています。

上空を飛ぶドローン車の航跡下にある地上住宅の上を飛ぶ飛行契約を結びドローン街道を設置します。海と山と川の上は自由に飛べますが、市内では特別なルールが定められます。

神戸市の灘区の埋立地に摩耶埠頭が有り、昭和40年代に日本初のコンテナ埠頭として竣工しました。此処を起点にします。此の埠頭から幅２０００ｍ、沖合に長さ７０００ｍ、約14㎢の巨大な人口島を造ります。

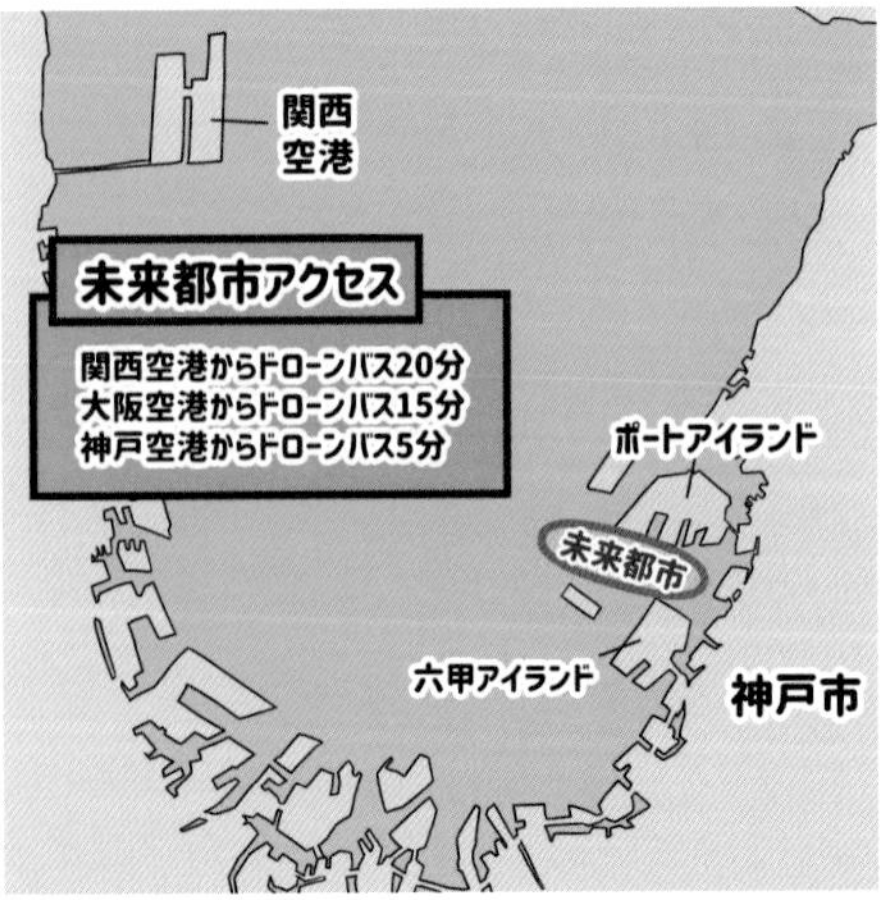

アクセスも最高です。関西空港からドローンバスで20分、大阪空港（伊丹空港）からドローンバスで15分、神戸空港からドローンバスで５分。外国から東京羽田空港に降り立ち神戸空港経由で、日本に到着してから90分で未来都市を観光出来ます。東京から新幹線利用する時間の半分以下で到着出来ます。関西空港からバス利用をすると２時間は掛かります。ドローンバスで20分は最短、中国からでは関西空港を利用すると数時間で未来都市に着いています。

未来都市神戸が完成する頃には、ドローン街道の空を自動運転のドローン車がひっきりなしに往復しています。交通渋滞もありません。アクセス最高です。

その時、貴方は何歳ですか、きっと、生きていて良かったと、思います。感動の世界が待っています。

15

関西空港から大阪湾の景観を楽しみ六甲連山の四季を観て20分で到着

未来都市へのアクセスはドローン車で間に合わない程の毎日5～10万人が観光に来ます。

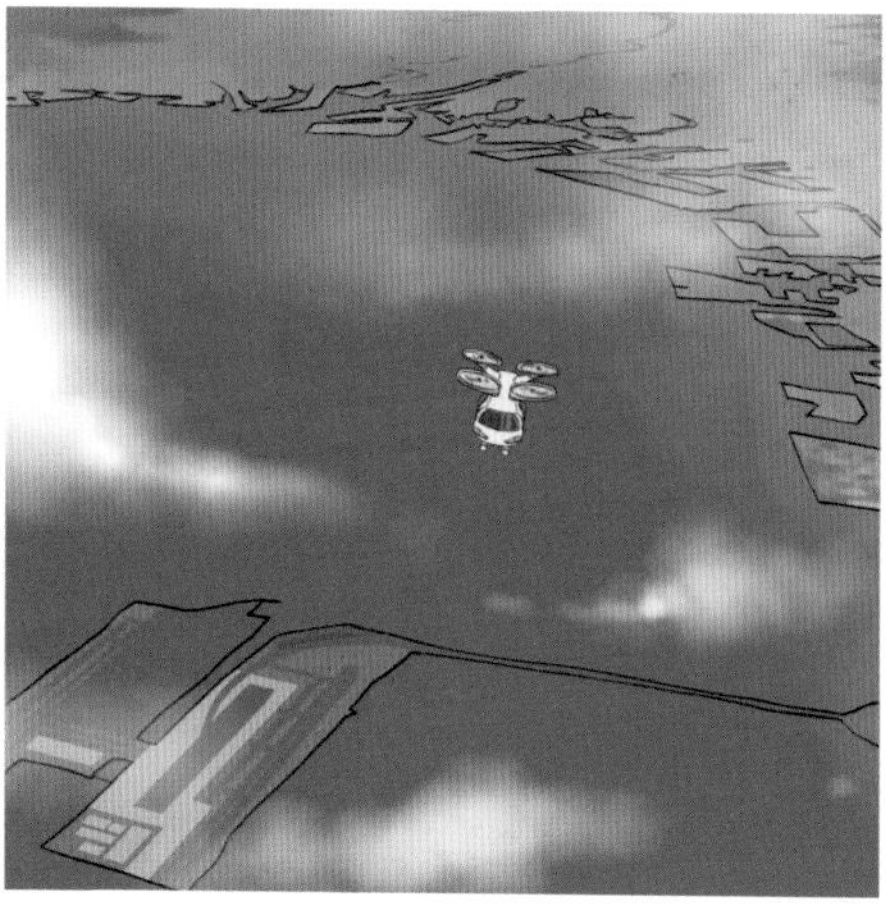

未来都市神戸完成時のアクセス計画です。

関西国際空港と神戸国際空港と兵庫県の大阪国際（伊丹）空港の三空港と、ＪＲ新大阪駅、ＪＲ在来線大阪駅とＪＲ三ノ宮駅の間はドローンバスが未来都市神戸の発着場へ数分毎に往復します。

関西国際空港から空に舞い上がったドローンバスから下を覗くと大阪湾が縮小地図のように一望出来ます。大阪市内の高層建物と関西のテーマパークを越えて未来都市に近づくと、神戸の市街地が目下に広がり、なだらかな坂道を辿るとやがて急坂になり、そこが阪神タイガースの応援歌六甲おろしで有名な六甲山、摩耶山です。

春の柔らかな薄緑に彩られた山並みから季節が変わり、夏には濃緑の樹々が強烈に照り付ける太陽を吸収して神戸の街を涼しくさせて、11月には彩り豊かな毛氈を敷き詰めたような秋色に染まり旅人を慰めてくれます。その先の神戸未来都市の上空から発着場に向けて降下し、着陸態勢に入ります。未来都市に来る時はドローンバスがお勧めです。

神戸市内の背景に緑なす六甲連山の景色を堪能しながら20分で未来都市に到着します。

ドローンバスは人を運ぶには時間短縮が出来る、21世紀の素晴らしい乗り物ですが、残念ながらドローンバスはバッテリーと馬力能力の限界があり、一度に何百人の人を移動する乗り物ではありません。やはり地上の道路利用が必要で、湾岸線から未来都市まで高速道路の延長と、一般道路と43号線からの進入道路の新設、乗り物は地下鉄を新設します。ＪＲ新神戸駅からＪＲ三ノ宮駅を経由しても短時間で未来都市に到着します。

空と高速道路と地下鉄が観光客の最大のアクセスとなります。利用者数一日平均５万人～10万人、年間３０００万人の観光客を迎える計画です。

未来都市神戸が完成すると世界中から観光客が押し寄せます。未来都市に長期滞在する人と観光客で受け入れキャパ数を超える事が予想され、残念ながら、これ以上の観光客をお迎え出来ない事も予想されます。未来都市の入場制限で旅行券がプレミアムチケットになりそうです。

それでは最初からもっと規模を大きくしたら、と考えますが、完成後の観光客の評価が良好ならいつでも第二未来都市の延長も出来るのがプラットホーム型海上都市の魅力です。

その前に神戸空港が国際空港になり、未来都市が完成すると発着機数が多くなる事を見越して第二滑走路の追加工事が必要になります。未来都市を建設と同時に第二滑走路は埋め立てでは無く、海上に空中式プラットホーム型飛行場を造っては如何ですか？　誰も、考えないアイデアです。埋め立てするより、環境にも良いと思われます。

16

グローバルな未来都市神戸になる為に

神戸を世界中の人が知っている割合はどの位でしょうか？　殆ど無名の街になりました。

神戸を世界有数の街にするには思い切った改革と資金を投入しなければ毎年知名度が下がり寂れた田舎町に転落します。

そこで、シンガポール、ドバイを超える世界的に有名な都市にする、思い切った投資をしませんか。20年後には神戸は知名度世界ナンバーワンになれます。

旅行するなら日本の神戸と言われるように未来都市神戸を実現させるテーマの誰が音頭を取るかと言うと、そりゃあ、神戸の代表者、市長さんでしょうか？

市会議員さんと進歩的な官僚と神戸市民の熱意でしょうね。尤も、神戸市長さんも兵庫県知事さんでも無理かも？

　予算が5～6兆円では、日本国家が主体にならなければ規模的に無理。首相が各国を遊説して、１００年先の未来都市神戸構想のアイデアを世界中の人から求めると発言すると同時に、このプロジェクトに投資してくれる国を歴訪して大企業と富裕層に資金提供を訴えればそれが大きなニュースとなり、世界中の人から興味を持たれて成功への近道となります。資金は20年以内に返還します。毎年、３０００万人の旅行者が訪れて、お一人様10万円を消費します。年間3兆円になります。

　神戸の未来都市を訪れた観光客は次に日本国内の観光地に向かいます。更に5兆円を使い、毎年6兆円～10兆円の経済効果があります。如何ですか？

　いつの間に、日本人は現状維持主義になったのでしょうか。未来志向、発想力、進化するのが人間です、忘れましたか？

　出来ない事と考えず、出来ない事を、実現出来るように前向きに取り組めば何とかなります。明石海峡大橋は原口忠次郎さんの構想が実現しています。

　神戸は国際空港の地位を捨てました。今、反省していませんか？　最後のチャンスです。自然災害に強い街の世界モデルにチャレンジしましょう。

近未来都市が出来上がると世界中から世界のリーダーと企業経営者、政治家、科学者などが興味を持って体験に訪れます。観光客も未来都市神戸を観ずして過ごせないと押し寄せます。未来都市神戸が世界の未来社会のモデル、パイオニアになり世界の歴史を創ります。

17

未来に生きる子孫の繁栄を願うなら私達がやらなければならない事がある

120年先の未来は食べる物も住居も、職業も激変するけど、一部のスポーツは変わらず、むしろ積極的な時代になります。


2023年現在、人類の未来への危機的な症状が続いています。

戦争、地球温暖化、地球のエネルギー資源問題、少子化の国と爆発的人口増加国、食物危機、宗教と人種間問題、ITの発展による情報の共有で地球が狭くなったような錯覚に陥る日々、此のまま次世代に継続するのは良くない事と皆様考えますが、有効な手立てを講じていません。

そこで私達の子供や孫、更に100年後に生きる子孫が豊かで安心、安全な生活が出来る環境を今から準備するのが私達世代の使命かと考えました。

100年先には私達は黄泉の国で過ごしているでしょうが、子孫達の住む地球が食べる事に困らない、平和な生活が営まれるよう、頑張りましょう。

２０４５年から１００年先の人が住む街の創造的なモデル都市では、家庭生活も居住空間も、電気水道、ガスも、車、バス、電車などの交通手段も変化、食料も変わります。家の構造も変わります。ネット環境も、情報手段も、職業も大変化します。

政治政策も独裁者の廃絶、政治リーダーの選出方針など変わります。教育も世界共通仕様方針が出来るかも？　衣類も画期的に変化して防寒防暑に適した素材が開発され、人の身体をＡＩが守ります。地球環境悪化と世界戦争の抑止策で世界の国を一つにして地球国が生まれているかも知れません。

逆に変わらないものもあります。野球、サッカーなどスポーツ関連、文化芸能は貴重な子孫の娯楽です。おにぎり、カレーなど一部の食物、信仰の自由、礼儀と礼節、義理人情、これら全てを叶える未来都市神戸を建設します。
日本国に１００年先の未来都市を実現させて世界中のモデルケースを創ると、未来の世界を変える先駆者となります。人類の歴史を変えるのです。
未来は戦争の無い平和な世界が実現します。人類と動植物の生存を安定させる事が出来ます。夢のような社会環境が生まれます。独裁者も権力者も許さない世界に変えるのです。

18

先ず未来都市神戸のメインテーマに、世界中から未来研究専門家を招聘して、先端技術開発専門の研究所を設置する

１００年先の未来に生きる私達の子孫繁栄と平和と幸せを保障する生活環境を現代に造り、それが世界の未来モデルになる、想像する未来を発明、現実化する凄い事をやり遂げたいのです。

それでは、未来都市に人を引き寄せる何が有るのかを説明します。

先端技術で人類の生活を豊かにする新しい物を創り出す部門と、過去に無い物で人類の生活を豊かにする新しい物を創り出す部門と、人類増加による地球資源の消滅時期を予測して埋蔵鉱物資源、火力燃料、食料増産など人類の生存に必要な新たな物資を開発する研究部門から成る研究所を設置します。ここを中心にして、例えば世界中の砂漠を緑化して食料の増産と砂漠が消滅する事で地球気候変動の悪化を防ぐ一石二鳥の地球環境と人類と動植物にとって最適な状況を創り出す技術開発を行います。

ここは、人類が未来に必要とする新たな発見、人類と地球共存などを研究開発する専門家を世界中から集め、優れた人材が研究に没頭出来る研究機関です。世界発展と豊かな生活で飢餓をゼロにし、世界平和を実現する事も研究テーマになります。此処で生まれた発想は世界中で共有します。

世界中の優秀な人材が此処で仕事がしたいと思う環境を創ります。未来研究機関が未来都市に開設され、素晴らしい未来を予測する研究の為に世界中の才能ある専門家が集合して未来社会モデルを生み出して、世界をリードします。世界の国のリーダーが圧倒されるでしょう。

政治家も貴方も、未来の貴方の子孫が平和で豊かな生活が出来る環境投資を今、始めませんか？　私達が人類と動植物の未来社会に責任を持つ重要性を忘れないように。

19

未来研究機関には次代を担う若者達の教育機関を併設

未来都市神戸に未来の世界を変える未来研究機関を創り、未来に生きる子供達の為に未来研修学校を併設します、小中学校、高校大学と生徒は世界中から集い、彼等が未来の人類の幸せを考えます。

未来都市神戸の最大の目的は未来予測研究機関を設ける事です。

100年後の未来都市が出来上がっても、それで終わりではありません。

世界中の専門家と言われる有能な科学者や研究者、得意分野のリーダーと言われる方に未来都市に赴任してもらいます。

地球上に存続する人類と動物と植物の生存を脅かす地球にならないよう、未来に生存する私達の子孫の生活環境を守る為、食料の確保と動物、植物の育つ環境、地球の地下資源の制限、人類の発展的未来の乗り物、正義と情操教育方針、人型ロボットの研究、未来の職業の変遷、未来の建築仕様などについて研究をします。

研究内容は多岐に渡りますが、

1、世界中の人々が食物の心配もなく過ごせる世界を創ります。

地球上に増加する人類の食物を安定して収穫出来る研究を強力に行います。効率よく適正な地域で収穫量を増やし、理想的な食物配分を世界共同で行い、従来に無い新しい食物を作り出します。

2、地球環境の安定を目指し、22世紀以降の温暖化防止研究をします。21世紀中も徐々に地球温暖化が進むと思われます。そこで22世紀も地球温暖化が進み人類が住めない地球にならないよう、19世紀時代の気温に戻す役目を担います。

3、人類創生後から21世紀の現代にも続く戦争の歴史を終わりにする方策を研究します。人類から戦争の恐怖を取り去る、核やミサイル、戦車も、戦争の道具を必要としない世界を目指す政策研究です。

4、現在、出現していないテーマで夢の薬を研究します。例えば不老不死の薬、恋愛の大事な要素・惚れ薬、認知症特効薬の発明、全ての癌を撲滅出来る特効薬、ウイルスなど流行性疫病の撲滅、現在も未来も完成に至らない様々な薬品を研究出来る機関の設置。

5、人の生活や職業のサポートが出来る人型ロボットの進化を先取りします。歯車やピアノ線を利用しない、人体に近い筋肉様の繊維に埋め込んだセンサーと、腱のような物で寸時に動作が安定して人と同じようなしぐさが出来る構造を研究します。

6、100年先の未来社会の職業の変遷経過を予測して、未来人類の生活様式を想定します。現在から順次計画性を持って世界に公表する事で、政治家、企業経営者、働く人が新しい世界に慣れて行く基礎を造ります。

1~6の研究を続けるのには莫大な財源が必要になりますが、此の研究機関の運営費は全て世界中の国の負担で賄います。

国を選ばず、得意分野の研究に興味ある人は所在する国の選考を経て、未来都市に赴任してもらいます。研究者の給与も含め、滞在費は出向元の各国で負担してもらいます。その代わり、未来都市での研究成果を出向元の国が優先的に利用出来る権利が生まれます。国連のような仕組みで未来の人類への投資を私達が担います。併せて、未来研究をテーマにした教育機関、学校を造ります。小学校から中学高校大学と一貫した教育方針で、卒業すると専門分野ごとに研究機関で研究に没頭して未来に生きる人類の為に何を為すか研究を重ねます。

世界中から素晴らしい知性と能力を備え未来予測が出来る一流の研究者集団で運営する研究機関は世界一の規模を目指します。此の研究機関で人類の未来を素晴らしく希望に満ちた世界にする事が出来ます。

未来の私達の子孫が豊かで幸せな生活を営めるよう、現在に生きる私達が未来の子孫に喜ばれる未来研究機関を神戸に造りたいと考えています。

20

官民合同の未来都市推進委員会を設置して世界中からアイデアを募集する

未来都市神戸の実現に向けて、知識人と政治家、政府官僚と科学者で推進委員会を発足しませんか？

未来都市神戸計画は未来都市が竣工した時から100年後の社会生活の実験場を建設するハード設計です。

中身のソフト部分である社会生活は誰も予測出来ないので、世界中から未来を予測したアイデアを募集します。

此の未来都市モデル計画は神戸市沖に人工島を建設して、そこに100年後の未来社会生活を想定して再現する夢の様な物語です。
しかし実現すると、世界からモデル都市に興味を持つ世界のリーダーが自国の経済界、政治家、官僚、科学者を引き連れて見学に訪れるでしょう。

私の計画では未来都市の実像は力不足です。所詮、街のお爺ちゃんが考えて神戸を世界で一番訪れたい街にする案で、未来都市が現在からどのように変化しているのか想像がつきません。

ただ、日本に蒸気自動車が輸入された120年前、当時の人々の誰が現代の社会生活を予想出来たでしょうか？

私は、人工島建設計画案を一つの題材に神戸活性計画を述べるだけで、実際行動に移すには私は無力です。未来都市を建設出来れば神戸市よりも日本全体の経済活性化に繋がり、日本を未来のリーダーとして世界中から学びに来日して、日本で生活して日本に移住する人で日本人口が増加に転じます。経済と少子化対策の起爆剤になります。

私一人の考えでは及びもつきません。100年後に何が、どのように変化して、現代と、どのような違いがあり、新しい現代では想像出来ない世の中になっているでしょう。私が、ソフトを考案して皆様にご披露出来れば良いのですが、その力は有りません。

未来都市での社会生活を支えるソフト関係の想像力は世界中の人に考案してもらいます。未来志向の企業から、科学者のお知恵をお借りして、年齢を問わず広く一般人に呼び掛けて、１００年後の未来を創造するアイデアを募集する事から始めます。

人工島建設計画は５兆円を超えていますが、中身に応じて建設資金が変化するでしょう。資金計画は、世界中からアイデアを募集する時から、世界中の企業が未来研究に興味を示します。こうした企業や世界的に有名な富裕者、共に未来を研究して自国の発展を目指す国の指導者に対し、日本の首相と外交に優れた人材に出資を募る外遊を始めてもらいます。その上で、資金協賛していただく日本国政府と投資や積極的な大企業、優秀知能を有した未来研究を望む知識人の実行委員会に委ねます。

21

完成すると世界の要人が集い驚きの未来を体験する

完成すると、世界中の国家元首と経済人、マスコミ関係者、研究者などが来日します。日本の首相は神戸にいながら世界中の元首と毎日外交が出来ます。

此のプロジェクトが成功すると世界中の国家元首や大企業経営者、未来研究の専門家などの日本詣でが始まりますが、神戸市民も覚悟が要ります。

昔のように至る所に外国人が神戸の街にいて、突然、外国人から話し掛けられたら、貴方はどうしますか？逃げますか？　それとも、覚束ない英語で会話してみますか？

ベストは神戸市民全員で20年間英会話を学び、20年後の神戸は日本語と英語を可能にする二か国語圏にすることです。

巨大な世界初の海上プラットホーム型未来都市神戸の建設資金獲得は、日本国首相の外国遊説から始まります。いつもの手段の国債を発行して、国の借金を増やす方法もありますが、今回は国家事業として国の浮沈を賭けて絶対勝てる自信を持って世界の国家元首に会い、出資を仰ぎます。イーロン・マスク氏などの大富豪にも会い、世界をリードする大企業の経営者とも相談しながら資金調達をしましょう。

日本国総理大臣の出方次第です。優れた手腕と実行力と世界から信頼される総理大臣の勇気ある資金調達行脚をお願い申し上げます。興味ある国、大企業、富裕層からの出資でプロジェクトが成功すると、世界中の国家元首と閣僚、企業経営者、科学者などが100年後の未来を見学に来日します。オリンピック、万国博覧会、FIFAワールドカップを合わせた何倍もの人が来日します。日本入国を目指す外国の方が増え、飛行機も超大型クルーザー船も予約が取れない程の人気観光地になります。来日予約はプレミアムチケットになります。開催時期だけの効果だけでなく何十倍もの永続的な経済効果があります。

此のプロジェクトを見学した国家元首が自国に必要と考えると、日本の先端技術の輸入申し出が殺到します。日本企業の技術力を世界に売り込むチャンスです。日本発海上巨大プラットホームの輸出です。建設に携わった企業と日本国に大きな成功報酬が約束されます。投資金額を超える数倍の投資効果が期待されます。5兆円の投資費用は完成後20年程で回収見込みです。その上、未来都市神戸を見学した旅行者は神戸、京都、大阪の三都市巡りと関西圏を超えて、日本国内の観光巡りをしてくれます。日本国民の貴方、日本語以外の外国語を学ぶチャンスです。20年間の余裕があります。今から始めませんか？

22

未来都市・神戸が稼働すると年間3兆円の経済効果

5兆円を掛けて建設すると世界中から毎年3600万人の観光客が訪れ神戸市が潤い、大阪、京都の三都市観光が世界中の観光客を引き寄せて関西圏経済が好転します。

日本国民全員に5万円一律に配れば6兆円を超えます。

5兆円を国民に一律4万円配ることに使えば政治家の人気取りになるでしょうが、政治家は現在の人気に溺れずに、将来の発展に繋がる未来都市神戸に投資すれば、銅像が出来て未来の1万円札の顔になれるかも知れません。

さて、5兆円の建設資金の本題です。

国民に5万円配る位の費用なら、無駄な未来都市に投資するより全国民に4万円配った方が費用対効果があると、政治家も皆さんも思うでしょう。イヤ、国民に配られたお金は殆ど貯蓄に回され経済効果は少しだけ、前回10万円配られた時と同じです。

未来都市に5兆円投資して完成すると世界中から未来都市に観光客が押し寄せます。小さな街ですが、年間3600万人以上の人が訪れます。昼間人口5万～10万人、夜間人口5万人が滞在します。年間3兆～10兆円以上の経済効果をもたらします。

未来都市観光が終わった人の大多数はついでに食の街大阪と、古都京都にも旅行に行きます。中には年に数回訪れて日本中を観光する人もいます。その中には日本が気に入り、日本に永住したい人も沢山いるでしょう。5兆円位、10年もしないで元が取れて、税金が国に入り、国が豊かになれます。世界中の人が一生に一回は観光に行きたい街神戸、世界ナンバーワン都市、それが未来都市神戸です。

未だあります。20年後の神戸は日本語と英語の二か国語圏になっています。貴方も英会話を学びませんか。役に立たないかも知れませんが自己満足度がアップして自信がつきます。ヤル気の人生が始まりますよ。

23

未来の平和を望む思い切った子供の教育改革と実行力が不可欠

未来都市神戸を建設するには全世界の人からアイデアを求める事から始めます。

２０２５年頃から20年を掛けてプラットホーム型未来都市を建設する事が決定すると、未来都市の竣工時点から１００年先の未来人の社会生活を想像する事が始まります。

この本には未来都市は現代とどのように変化するか一部記載していますが、日本の未来に物言う雑草爺さんの浅知恵は限られています。

そこで、世界の人に問うてみたい。１２０年先の子孫はどのような社会環境の中で家庭生活はどうなるのか？　貴方の豊かな想像力でアイデアを下さい。

小学生から中学、高校、大学、理工系の学生さん、建設業と設計に関わる人、ＩＴ技術者、科学者、乗り物、生活商品、人をアシストするロボット系技術者、衣服、食物、未来製品を研究している企業、ＩＱ１３０以上の方、漫画家、などあらゆる人から１２０年後の社会生活を想像してもらい、現代と違う社会を現代に実現させます。

条件が有ります。人類の未来が平和で飢える人の無い幸せで活力のある生活環境を生み出すのです。人類が誕生してから闘争に明け暮れた過去の歴史を振り返り、新しい世界に創り変えるのです。戦争を許さない時代を創るのです。同時に地球環境を1世紀前の環境に戻す努力をします。地球資源（地下鉱物資源、食料、動植物の生存、魚類の保全）を公平に世界の国に配分出来る体制を創ります。世界中から核とミサイルと武器を無くすのです。

その為に必要な新教育法を定めます。人が人を殺戮する行為の撲滅の意義を教え、世界中の子供達が誰でも平等に教育を受けられる環境を創ります。人種間のわだかまりを取り去り人類皆兄弟の思想、宗教の自由、人を許せる心、未来は国境を無くし世界中の国に自由に誰でも行き来出来る環境を創ります。地球上の多言語理解と異文化交流は翻訳アプリの進化で不自由なく過ごせますが、地球語を新設することも考えられます。

要するに、未来には地球規模で政治をする事になるので、教育水準と平和な心を宿した未来人を作る準備をします。それを教育から始めます。未来人を幸せにするのも、不幸せにするのも、私達の責任です。

１２０年後の未来の話、もう飽きましたか？　俺には関係ないと仰らずに、もう少し続きをお読みください。日本の人口は50年後に８５００万人位になるらしいです。１２０年後は現代より半減するでしょう。反対に世界各国では増加して110億人位。日本の人口減は人に幸せをもたらすのか、それとも不幸な時代になるのか、120年後の日本に生きて体験しなければわかりませんが、食物が豊かで、公共生活の基盤が整い、平和を堪能できる社会にするのが、現代に生きる私達の務めです。

先ず、地球環境を守る為に砂漠の緑化を進めます。砂漠の面積はアメリカ大陸を呑み込む程大きいのです。岩と砂しかない熱砂の砂漠と、まばらな植物が生える地帯からなる砂漠に水を引き、出来る部分から緑化して行きます。

地球上にある真水はたった2・5%、残りは海水です。真水を陸上に貯留させる事から始めます。陸上に降った雨は川になり、最後は海に流れ込み海水に同化します。海に流れ込む手前の川水を砂漠地帯まで延々と真水送水パイプを敷設して、降り注ぐ太陽で蒸発する以上に送水して海水を減らします。北極と南極の大事な真水も溶けて海水になり、海水が盛り上がり陸上を狭める事を防止しながら砂漠の緑化で地球環境を守ります。

もう一つ、日本の人口を増やす為に世界中から移住者を増加させます。もっとも、日本に魅力が無ければ移住者は他国を選びます。世界から人を引き付ける魅力の一つが未来都市神戸です。

120年後を想像した未来都市が完成すると、世界中から未来を体験したい人が押し寄せます。人々は日本の知力と科学技術に驚愕して先進国日本を世界一流の国として認めます。日本は第二次大戦以後、戦争の無い平和を愛する国です。未来都市を体験した旅人は更に、食と芸能の街大阪と観光資源に恵まれた古都京都観光を楽しみます。神戸、大阪、京都三都物語観光で日本の魅力に触れて、移住者は大勢生まれます。

移住者が増えれば日本の国益が増すのか、人口が増えればそれで良いのかは別にして、活気ある日本が誕生します。貴方も未来都市神戸を体験した、国民みんなの願い、一票が大事な政治家が動けば無理なくスタート出来ます。決して出来ない空想事で終わらせたくありません。

未来に生きる貴方の子孫に先祖は凄いと言われたいと思いませんか？　貴方が声を大にして未来都市神戸建設の意思を示してください。

第3章　未来都市の生活

24

神戸市は日本語と英語の二か国語会話圏に

神戸市が主体で、日本で最初の日本語と英語の日常会話可能圏にします。

日本人も英会話をスラスラ出来る人が増えて来たように感じる昨今ですが、小学校から高校卒業まで学んだ長時間の割に旅行先で外国人から声を掛けられて、もう少し喋れたら楽しいのにな、と思ったことありませんか？

太平洋戦争が終わり、戦勝国のアメリカが進駐してきた時がありました。あの時、アメリカが戦勝国として日本語以外に英語を第二言語として習得できるようにしていれば、日本の教育も企業の経営者の考え方も国民の思想も随分と変わったと思います。

もし進駐軍が、日常会話の言語に英語と日本語の二か国語を推していれば、現在私達はパソコンで英語を日本語に変換して使う事もなく英語で対処するでしょう。あの時、日本の誰か偉い人が強く反対して、日本国の英語圏を回避すべく立ち回ったという事は無いのでしょうか？　結果の良否は追及しませんが英語と日本語の多言語社会になっていれば、現在の黄昏日本は太陽が昇る国になっていたでしょう。

そんな過去がありますが、過去にこだわらず、未来に繁栄する一つの対策として神戸市全てを日本語と英語の二か国語圏にしませんか？

これからの日本が世界の中で取り残されない強い経済性を維持して行く第一歩は、日本人全てが英語と日本語を日常会話にする方がよさそうです。幼少から外国に学びに行く事を苦にする事もなく、日本の国の素晴らしさを海外で伝えてくれる事も出来、英語圏なら外国からも大勢の人が日本語を学び、日本の国を理解して歴史の深さに感動するでしょう。日本と外国との敷居が無くなる事で素晴らしい成果をもたらします。日本人に苦手な英会話を神戸市民が日常会話に出来れば神戸経済が大変化します。

0歳児から、保育園、幼稚園、小、中、高、大で教育期間中、約20年間、学内では全て英会話で過ごしてもらうのです。

学校から帰宅する子供達は家族と日本語会話で、学内と家庭と両立します。企業に勤める人は社内用語を英語に変え、日本語と英語の二か国語でコミュニケーションがとれる会社になると外国からも大勢の社員応募があり、世界に羽根を拡げる企業展開の出来る会社になります。学校にも会社にも行っていない人は自力で英語教室に通い（受講費用は神戸市が負担）、英語を習得します。

英語なんて今更、学ばない人はそのままに。高齢者は認知機能低下防止に学んでも良いですね。両親、祖父母向けの英会話教室も神戸市の補助金で数百か所造り、誰でも無料で英会話を学び、市民の知性を高めます。

多分一部の人を除き、反対する人が大半でしょう。神戸市民の暴動には至らないとしても、市長が反対市民の攻撃にさらされたり、二か国語圏構想に反対する市民が賛成する議員を落選させるかも？　子供達の英会話教育時間を増やすには、教育委員会の皆様の応援が無ければ実現しません。教育委員会の皆様が反対して英語時間を増やして他の教科の低下で神戸の学生が有名校に進学出来なくなる？

ネガティブな事は考えないで実行しましょう。

それとも、何でも反対の人も立ち上がり、選挙で英語圏反対派の市長が誕生する？　実は、未来都市神戸が完成する２０４５年頃には完全にスマホ（20年後に違う媒体が出来ていなければ）利用で何処の国でも同時通訳が誰でも出来る時代になるかも知れません。それを見越しても相手と直接英語で会話する事がコミュニケーション力を高めます。

それを承知で二か国語圏構想を進めると、必ず神戸経済は発展するでしょう。未来都市が完成すると海外の企業が神戸に日本の拠点を設けます。日本でたった一つの英語が使える都市になると日本で活躍する外国企業は、首都東京より神戸に拠点を移します。何故なら家族が神戸で生活すれば言葉の問題が無くなり、子供達も日本語学校に入学する事が出来るからです。

こうして神戸が日本を代表する経済都市に生まれ変わり、たった20年で神戸市が世界に誇る街に変わるのです。

すでにスマホなどで翻訳アプリを利用して外国語に不自由を感じない人もいますが、機器を介在しない直接会話はやはり重要です。１００年後には外国語という言葉の壁は無くなります。耳の後ろに取り付けたチップが外国語を瞬時に読み取り直接日本語に訳して耳の後頭部から言葉にして伝えてくれる時代は近いでしょう。

それでも、神戸市は二か国語圏を目指しましょう、英語以外の中国語もドイツ語も必要ですけどね。１５０万の半数の人が20年で英会話が出来るようになれば、画期的な事象で、世界の政治家が驚きモデル都市になるでしょう。

チャンスを逃さないでください。二か国語圏になれば外国人の住みやすい街になり、グローバル企業が移転して大勢の外国人が押し寄せて人口も増えて、経済が活性化します。世界に向けて神戸が日本の窓口になります。如何ですか？　貴方は、二か国語圏構想に反対？　賛成？

25

二か国語圏で育った子供達が世界に羽ばたく、人財育成の神戸市になる

神戸市が二か国語圏になると神戸で教育を受けた子供達が言語を恐れず世界に飛び立ち、大きく成長して神戸に戻り、日本に貢献する人材となります。

神戸市が大きく変わらなければ、神戸経済が浮揚する機会は少なくなりそうです。

神戸市の独自政策が必要だと思います、劇的に変化しましょう。日本国の何処の都市も未だ実施していません。神戸市を英語と日本語の二か国語圏にしませんか？

赤ちゃんから外国語教育を実施して日本で唯一の日常会話英語圏にする。英語教育で育った若者は世界に目を向け、外国企業は日本支店を神戸に開業します。

神戸を愛する神戸市民の皆様、私達の子孫繁栄を願うと、子孫も神戸の街を愛し神戸で就職して結婚して子供を作り、神戸で生涯を終えてと思いますが、貴方のお子様も神戸を愛し、神戸で生涯を終えるのでしょうか？

一神戸市民で生涯を終えるより、世界中を相手に活躍出来

る子供教育をしませんか？

先ず、言葉の壁を取り払う為に神戸市は他都市と違う教育方針を示しましょう。幼児より英語を学ぶ保育園、幼稚園の英語教師を養成して、全ての子供が平等に語学を学び、小学、中学時代には普通に日本語と英語の二か国語を話せるようにしましょう。教育費用は税金で賄い、無料です。父母の負担はありません。

やがて、生まれたひな鳥は世界に旅立ち、世界で成長して大人になって帰神して、神戸市に掛かった費用よりも大きな成果をもたらしてくれます。神戸市が費用負担して子供の英語力を伸ばす運動に、お子様のいるお母さんは大賛成してくれそうです。

神戸二か国語圏、強い支持をくださるよう声を挙げていただければ、選挙に有利に働き、政治的な圧力を排除出来て、驚くべき事が起きると思います。将来的に何処でも英語が通用する街にしませんか？

えっ、無理、俺は外国語嫌いやし、英語と聞いただけで熱が出る、英語を学ぶなら大阪に移住するって？　大丈夫、貴方も神戸が二か国圏になれば必要性から自然に覚えますよ。

完全な二か国語圏になるのは20年先です、子供達が英語で話し掛けて来て、親御さんは日本語？　では拙いので、中高年の方も気持ち反対だけど、子供の未来の成長を願って賛成くださるよう、特に少子化著しい日本の中で、神戸で子供を産んで育てたいと思える人を引き付けるのです。子供の将来を夢のある世界の空に放ちたいのです。

ご協力お願いします。

26

20年掛けて神戸市民の大半が英会話を出来るように

神戸市が無料で２０２５年から神戸市民の０歳児～６歳児全員に英会話教育を無料で始め、２０４３年頃に神戸市民の70～80％の人が英会話が出来るようになります、素晴らしい事ですね。

この事業がスタートすると神戸の経済再生への道が開かれます。スマホなどで英会話は勿論、世界中の国の言葉を瞬時に翻訳する時代ですが、メディアを介在せずに直接話が出来る会話力・コミュニケーション力は言葉の壁を乗り越える最大の武器です。

もし、神戸市民と神戸市が本気で神戸を二か国語圏にすると、ドバイやシンガポールは経済のハブ都市ですが、日本国内に唯一つの英語ハブ都市神戸が出来ます。すると神戸国際空港の役割が増すだけでなく、世界の企業が日本で経済活動をする時は、神戸市に集まります。それを目指して日本企業も集まりホテルが不足して、六甲アイランド、ポートアイランドの空き地が一挙に利用価値が高まりバブルが起きそうです。

東京で活躍する外国企業も神戸に移転するか、言葉の壁のない神戸に家族だけ移住させます。日常が英語で神戸市民とコミュニケーションが取れる、子供の教育問題も普通の日本学校に入学しても子供同士の会話に不自由しません。魅力ある取り組みです。神戸を二か国語圏にする、しないは神戸市民の考え方で、神戸二か国語圏計画賛成の人が多ければ神戸市を担う市議会議員さん市長さん、市職員の方が賛同するでしょう。

始まりから20年間で神戸市民の80％は通常会話を英語で話せるようになります。尤も、市民が賛同してもネイティブレベルの英語を教える人の問題があります。２０００人程度の指導者を神戸市で採用出来るかどうか、です。教員資格は無しでも、ある程度の英語指導力のある人に1～2年間講習を受けさせ、合格者には特別な資格を与えて英語指導者にすれば良いのです。

私は教育関係について無知な立場ですから、好き放題に言えますが、如何でしょうか？

2年間の準備期間が終わると0歳児から6歳までに始めます。7歳から12歳迄は、会話が出来る英語教育を実施。12歳から中高生も同じように会話重点教育を行います。0歳時から日英のバイリンガル教育をスタート。中学生は日本語と英語で授業を行い、高校生は全教科の授業を英語で行います。

もし、２０２５年に英会話準備を開始すると、２０２５年に誕生した子供達は高校卒業までの18年間でネイティブレベルの英語が堪能になるでしょう。つまり、２０４３年までに神戸市は日本で初めての英語可能圏になるのです。

最初から神戸を二か国語圏にする事は出来ないと決めつけないで、神戸市の発展と未来の魅力ある神戸市を造るアイデアの一つとして達成すれば神戸経済発展の浮揚が見えて来ます。反対から意見を述べるより、早速取り掛かる方法を検討する事から始めませんか？

かつて、神戸は貿易と経済の街でした。その頃を代表する中央区は外国人が駐留して活動拠点の事務所ビルが集中していました。現在、ビルの跡地には高層マンションが乱立して、経済地域が居住用マンション地域になってしまいました。

職と住、近接で悪い事ではありませんが、交通至便の中央区が世界と繋ぐ街になり神戸経済を牽引して、日本の外国企業とのハブになれるのでは、と考えます。

もっと時代を遡ると、明治8年頃に中央区海岸通りに外国人居留地が誕生しました。当時の写真を見ると綺麗に整備された街並みが美しく、わらぶき屋根の家に住んでいる一般人はさぞ驚いただろうと想像します。当時では画期的な事業でした。

昔、神戸の街を外国人居留地にしたように、思い切った二か国語圏政策を進めることによって、世界中の人が注目する神戸に変えたいのです。

0歳児から18歳まで英会話学習は神戸市、県、政府などの負担をお願いしたいのです。親御さんは費用ゼロ、大人は自己負担で学び語学力を高める努力が要りますが、高齢者の方や認知症対策で施設で学ぶ方々は、自由なご判断で良いと思います。大企業、中小企業も含め世界に通用する社員教育が企業価値を高め社員募集にも有利に働くでしょう。

今の政治政策では、神戸市も人口減を避けていけないでしょう。同時に経済利益も神戸市にもたらしていません。少子化対策にお金を掛けるなら、思い切った効果のある政治政策が必要です。この政策が支持され実行されると、日本国内から神戸に移住者が増加して外国人も興味を示します。二か国語圏政策事業を支持する企業とこの事業に関わりたい企業が押し寄せます。大事なのは、賃金のＵＰが無い、未来に希望が見えない日本を捨てて、海外に自分を売り込む優秀な人材を神戸市に引き留める事が出来るのです。

勿論、ネイティブレベルの英語を可能にすると、英語を武器に世界に羽ばたく人材も増えますが、それは世界に飛び出す勇気ある行為で素晴らしい事です。世界に向かった彼等も、いずれ日本に利益をもたらしてくれるでしょう。

この本をお読みいただいた皆様のお考えが気になります。今更、英会話なんて反対ですか？　大賛成ですか？　皆様のポジティブなご判断をいただけると、嬉しいのですが……。

貴方自身も自分の未来にチャレンジしましょう。そこにはストレスが溜まる毎日ではなく、楽しい毎日が見えてきます。

27

人型ロボットと空飛ぶ車が生活の基盤となる

未来都市の生活基盤を支えるのは、
人と同じように日常会話ができる人型ロボットを中心に、
人を支援する車型ロボットと、人工知能を備えた自動走行車です。
空にはドローン車が列をなして飛び交い、高齢者も街で活動できる社会になります。

ここまでの話は何処の都市でも計画されていたり、特別な構想ではありませんが、ここからが違います。

2045年頃竣工する時から更に100年後の未来都市を実際に実現して、誰でも神戸に来れば世界に先駆けて生活体験できる街が出現します。

＊ロボット製造工場を造ります

100年後の世界に必要なロボットを研究する施設を造り、世界中から科学者を集め、中学生、高校生、大学生と一般人にも研究施設を開放して、誰でも作ったロボットをテストする場所と設備も備えます。

どんなロボットが体験できるかというと、未来の街の安心安全を守るパトロール人型ロボット、家庭生活を支援するロボット、交通支援ロボット、介護専用ロボットなどです。飲食店支援ロボットは皿洗いからお客様のオーダーを聞く、料理を作るなど全て行います。

街中を人と同じようにロボットが歩き、人と同じように活躍してこの後に続く交通アクセスなどの支援を行い、訪れた観光客が自由に何処にでも分単位で移動体験が出来ます。

＊お菓子会社、清酒メーカー、シューズメーカーなどの製造工程を一般観光客が見学出来るようにします

当然、欲しいものがあればその場で試食して、体験して購入できる観光地にします。美味しい飲食があり、観光が出来て、文化芸能を楽しみに世界中から人を引き寄せます。

＊街までのアクセスは、未来の空飛ぶ車、10人程度の人数が乗れる無人ドローンバス、4人程度が乗れる空を駆け巡る無人タクシー、飛行ドローンが近隣の駅から神戸市街地の上空に設けたドローン街道を常時飛来して観光客の送迎をしています。ドローン車では関空から20分、大阪伊丹空港から10分、神戸空港から5分で未来都市に到着できます。新幹線新大阪駅から20分、新幹線新神戸駅から5分、楽しんだ後はド

ローンバスで神戸空港へ向かい神戸空港から羽田空港へ、そして空港からドローンバスで千葉県の舞浜、テーマパーク内のホテルへ3時間で到着出来ます。

１００年後の交通アクセスは飛行機のスピード競争から更に進化して、人を運ぶロケットが誕生して地球は東西南北時間短縮で狭くなり、空を飛ぶ人の往来は激しくなります。現在より時間短縮した生活が当たり前になります。

28

未来都市神戸では人が歩かない？

未来都市ではロボ車が貴方を何処にでもお連れします。未来の人は歩きません。それが問題ですけどね。


１００年後の未来人の体型は今と変わりませんが、１０００年先には体型が変化してタコのような火星人の体型になっているかも？

未来都市ですから、街区内は歩く事はありません。現在のタクシーのように自動走行車が貴方を運んでくれます。

自動走行車には量子コンピューターが積載され、貴方の腕に貼りつけたチップに話し掛け、自動走行車を呼び出すと直ぐに貴方のいる場所に迎えに来ます。

貴方が目的地を指示するとＡＩが反応して最短時間で貴方を目的地に運んでくれて、帰路の時間も登録するとその時間に迎えに来てくれます。

樹木と花咲き誇る街路を過ぎると、高層タワービルの中に吸い込まれるように入り、やがて20階部分の高さに作られた空中道路を音も無く走ります。道路はドームに覆われ街を眼下に見ながら六甲山系の山並みと、遠く関西空港も一望できる景観を楽しみながら、これが100年後の未来都市と実感しながら目的地に到着します。目的地は飲食街の料理店で使う野菜類を生産する工場見学をする予定です。

自動走行車には2~4人用と8人乗りのほか、スケートボードのように自由に何処にでも早く行ける一人用のロボ車があります。街区から他の街区に行くには18人乗りの無料小型電力バスが縦横に走り、街の景観を楽しみながら走行します。

未来都市神戸に住む人はあまり歩かないので健康が心配？ひょっとすると、歩かないので足が減退して形態変化が起こり、1000年後の未来には人の姿も進化して体型が変わり、頭でっかちの火星人のようになり、未来に生きる私達の子孫はひ弱な体型で寿命も現在より短くなるのかも？

29

食料の自給自足と芸能文化に恵まれ、人の満足度の高い街

未来都市では食料と真水の生産は街で行います。温暖化防止だけでなく、地震、巨大台風などの自然災害時に、この街で水と食料は自給自足出来ます。

未来都市では、食料品の生産工場を設置して地球温暖化防止カーボンゼロの食料品の自給を目指すだけでなく、芸能、演劇、ミュージカル、全ての音楽活動を誰でも楽しめ、人を和ませる天国のような街を創ります。

また、トマト、根菜類、果物などの食卓に欠かせない生野菜を生産する設備を設けます。

未来都市で消費する必要な食料品全てを生産します。工場生産人工肉、魚介類の養殖も手掛けます。未来の主食はお米でもパンでもなく、過去に無かった未来食品生産工場が併設されます。未来の主食は、カニカマボコ、ラーメン、大豆肉でもありません。人が過去に食べた事も無い見た事も無い食品で、食感、味覚、味、匂い、など人の五感に優しく大人から子供まで好きになる食品です。

企業が入居する経済街区と人が集まるメインストリートは、幅100m、長さ南北6㎞で世界初めての規模です。メインストリートの天井は、アーケード型ドーム天井が覆い、雨水や風、気温の変化の影響も少なく、観光客がこのストリートを散策する道路の両側に飲食店、ファッションなど観光客をもてなす店舗も併設する世界一の文化芸能常設館を設けます。それは500か所を超えるでしょう。ライブハウス、劇団四季劇場、歌舞伎座、オペラハウス、ロックライブ場、ミュージカル劇場、演劇場、映画館、クラシックから古典音楽、世界の音楽がここでは常時開演しており、何時でも事前予約すれば待たずに鑑賞出来ます。

チケットの取得は貴方を支援する知的ロボットに口頭で伝えると直ぐに要求を叶えてくれます。その上、寂しい貴方の召使いでもあり、友達として貴方と会話が出来ます。やがて、貴方とロボットとの友情が生まれて、未来都市から帰国する時、情が通じて別れが切なくなり涙するかも知れません。

ホテルに逗留して全ての芸能を楽しむには一か月も2か月も掛かり、一か所で世界の有名芸能を堪能出来るメッカになり、世界中から暇とお金のある人が押し寄せる、日本一のエンターテインメント地域になれます。

30

ドローン車の往来専用空中航路が出来る

未来都市のアクセスは空に活路を見出します、ドローン車の往来専用空中航路を空に造ります。

100年後の未来は交通網が発達します、ドローン車で時間が短縮し、日本国が狭くなります。

未来都市神戸までのアクセスの問題は、未来都市に向かう観光客と未来都市で働く人達の動線確保です。そこで、毎日数万人の人達を運ぶ最適な乗り物として、ドローンバスを活用します。せいぜい10人乗りが限界かも知れませんので全ての人達の送迎向きではありませんが、伊丹空港、関西空港、神戸国際空港からの観光客の送迎は出来そうです。

現在の交通機関を利用すると関西空港から未来都市へのアクセスは高速道路を乗り継いでも90分以上、大阪伊丹空港からでも30~60分、神戸空港でも30分は掛かります。それが、ドローンバスなら関西空港から20分位、伊丹空港から10分以内、神戸空港から5分で到着できます。

ＪＲ夢の超特急なら（今から20年後には完成済み）東京から大阪まで1時間、大阪新駅からドローンバスで20分、東京から90分で未来都市に降り立ちます。日本国は狭くなります。この本を読みながら、私も体験したいけど、年齢がね、と言わずに絶対、長生きして、観て、体験して、楽しんでください。

31

未来では買い物をした商品は自動荷物運搬車で直ぐに自宅に配送

未来での買い物商品は自分で運ばなくても自動荷物運搬機能が利用出来ます。

未来都市では買い物した商品を自分が宿泊するホテルや自宅に届けてくれる自動ロボ車が活躍しています。

勿論、未来都市を後に帰国する時も沢山の荷物がドローンバスの発着場迄送り届けられ、貴方を待っています。

さて、アーケード街で食事をしてお腹がいっぱいになると、次は買い物です。ファッションに興味があればお目当ての世界中のブランドのファッションショーを楽しみながら自分に合った好きな服を購入して、人が集う場所には世界中の有名ブランド店が出店します。服を直接試着する事はこのネット時代には無いと思われますが、この未来都市では現物を試着する事にこだわります。

ネット社会で試着する事のない最近ですが、未来ではあえて試着して貴方がこの街に滞在中に貴方しか着ない貴方だけの服がＡＩを利用して出来上がります。

１００年先の未来住宅の展示場では住居の大変化と利便性に驚き、気に入れば注文も可能です。未来のマイカー売り場では未来車に試乗して購入も出来ます。

電化製品も現在の商品と全く異なり、機能性、デザイン共に貴方が気に入り絶対欲しくなるでしょう。

アーケード街では住宅から靴、ハンカチ迄様々な店舗が出店しています。今から１００年後の生活商品はどれも新鮮で、興味津々に見て歩くだけで何日も掛かるでしょう。

疲れてきたら手に提げていた買い物袋を、近くに常時滞在するロボ車に預けるとロボ車が勝手に近くを走行する自動運転車に乗り込み、自分が泊っているホテルの部屋に届けてくれます。

未来都市神戸を訪れた観光客が面白くて楽しくて大満足で、滞在期間中は腕に貼った切手程のチップを介して自動精算されて現金を使わないので、知らない間にお金を湯水のように使ってしまう危険性もあります。しかしお陰様で、過去に経験した事のない好景気に神戸経済が潤います。

32

あらゆる分野で未来型ロボットが活躍

未来都市で滞在中に未来型ロボットの進化に驚くでしょう。

120年後の未来社会では人型ロボットと、今、貴方がやっている仕事を片付ける事務作業効率型ロボットと、製造業、飲食業などの作業用ロボット、介護型ロボットなど多種のロボットが製造されます。

その頭脳を担う今で言うAI（量子コンピューターの完成で未来にはネーミング変更）の責任能力が未知数なので、AIの暴走を監視する役目は人間の冷静な判断力となり、その仕事を担うのは貴方です。

2025年から120年後は貴方の仕事をロボットがサポートして、貴方が1週間に出社するのは1日～2日程で給与がもらえます。だと良いですね？

買い物が終わり、自動ロボ車で買い物した荷物をホテルに送って、友達とカフェで軽くお茶を楽しんでいると、車椅子型自動ロボ車がカフェの自分が座っている場所に迎えに来ます。実は、前日に劇団四季劇場のオペラ座の怪人観劇予約をロボ車に頼んだからです。

開演時間に間に合うよう、往路の時間を計算して迎えに来たのです。未来には自分自身で初めて行く目的地を探す必要はありません。ロボ車が決めてくれて、人は脳を使う必要が無くなるのかな？　脳が退化するのは、チョット心配です。

この都市の何処にいてもスケジュール管理を貴方の車椅子型自動ロボ車が担います。常にサポートしてくれる車椅子型自動ロボ車は有難い半面、なんかＡＩに管理されているような気持ちにもなりますが、気にせず過ごしましょう。飲食店では、給仕さんも、料理人もほぼ人型ロボットが人と同じように貴方の注文を受け付け貴方のテーブルに運んで、実に丁寧な応対をしてくれて、満足なサービスに寛いだ雰囲気に浸り、未来社会を堪能出来ます。

さぁ、車椅子型自動ロボ車に乗りカフェを出て、お楽しみの観劇に向かいましょう。支払いは自動的に貴方の腕に貼ったワッペン（チップ）で決済されて、食事が終わればお店のロボットに見送られてそれで終わりです。買い物も、食事も、観劇チケットの支払いも自動精算されるので知らない間にお金の使い過ぎになりそうですね。幸せ過ぎて、自分の欲望を抑える事が未来の生活信条になりそうです。

33

人間に近い人型ロボットが誕生する

未来の人型ロボットは、足、腕などに歯車とモーターは要りません。人と同じような肌に似せた外見の中に、綿布団のように詰まった筋肉のような動きが出来る腱のような太い繊維物質に、AIにより電気信号を使い人間と同じように自由に身体を動かせるようになります。

未来都市では120年後に出来る筋肉のような物質で動く原始的人型ロボットが活躍しています。今から未来都市建設を始め、完成時期は20年後の2045年とします。

2045年を起点として、そこから100年後の2145年頃には現在考えている人型ロボットは骨の関節は電気信号とモーターにより歯車を動かしていますが、人と違い何処かぎこちなく敏速に次の行動がとれません。しかし、120年後の人型ロボットは人の構造に近づいているでしょう。

歯車、バネ、電気信号、モーターを使わない、骨と同じ構造で骨を動かす筋肉と腱（スジ）のような物質が発明され、脳（AI）が目視による反射神経を瞬時に判断して人と同じような行動がとれる人型ロボットが誕生しているでしょう。
１２０年掛けて人型ロボットを制作する科学の進化を、たった20年後に同じ物を製造出来る技術開発を行うには無理があります。が、日本国民が一体となり人智を尽くして諦めない心で挑めば出来ない事も出来ます。１２０年後の人型ロボット、筋肉のような物質で動くロボットに近い原形となるロボットを20年後に完成して未来都市に出展出来ます。

歯車で動くロボットは初期の産物、未来ロボットは人と同じ筋肉様の物質と骨のようなセラミック様の物質で造られます。最大の発明は筋肉様の物質の開発から始めなければなりません。伸縮自由、筋肉のように伸縮性に富んだ骨を引っ張り緩めたりする物質です。もう少し研究が進むと、高齢になった人間の足や腕に移植が可能な人工筋肉が誕生します。20年先か、１００年先かは解りません。しかし、進化はたゆみなく続きます。不可能を可能にする人智を持っているから、人類と言えるのです。

目標を持っている人と、目標の無い人とでは、数十年後に、大変大きな落差が生まれます。貴方も出来ないとあきらめずに、自己目標を設けて日々努力を積み重ねていけば、思いを達成出来る日が必ず来る、感動の日を迎えます、それが幸せと言えるものです。

34

送迎するロボ車が貴方の友達になる

未来都市神戸ではロボ車が主役。貴方の未来都市観光のガイド兼、劇場やライブ会場のチケット予約などの秘書役&日常会話を楽しむ友達のような存在になり、とても役に立つ存在です。

貴方が入場ゲートから未来都市に入ると、そこには無数のロボ車が停めてあり、その中の一台が貴方を迎えに来てくれます。貴方が不思議な気持ちでロボ車に乗り込むと、ロボ車は貴方に安全ベルトを自動で装着して動き始めます。

このロボ車は貴方が滞在する間、貴方の乗り物でもあり、好きな所に命じるままに貴方を連れて行ってくれる便利な乗り物です。ただ普通の電動車椅子と違うのは、ロボ車には量子ＡＩが装着されて、人の脳に近いコミュニケーションが出来ることです。貴方と通常の会話をして貴方の話を聞き、応えてくれます。そう、友達感覚でもあり、スケジュールを口頭で伝えると秘書の役目をしてくれます。

目的地までの送迎が終わるとホテルの貴方の部屋に入り、

夜にはロボ車と友達感覚で談笑しながら街の情報を教えてくれ、希望すればオペラや歌舞伎の鑑賞予約もして、鑑賞後の食事の手配もして、翌日はスケジュールに組み込み時間通り運行して目的地に勝手に運んでくれる優れものです。

貴方が未来都市に滞在中にはこのロボ車と心を通わせてロボ車に愛称を付けて呼び合う程、仲良く過ごします。外見は無機質の感情を持たないロボ車ですが、滞在期間が終わりこの街から出発する時、心の通った友人と離れるようなセンチな気持ちになるでしょう。

でも、ロボ車は人とは違います。貴方を見送ると同時に貴方と過ごした数日間の会話情報はロボ車から消去されます。ロボ車は、早速次のゲストを迎えに入場ゲートへ向かいます。人間は一度出会った人、数日間一緒に過ごした人は記憶に残りますが、そこはロボットと人との違いがあります。

次のゲストを乗っけると、次のゲストが付けた愛称に答えながら真面目に勤勉に人に尽くし、ゲストに喜んでいただくのが役目です。ロボット冥利と考えて良いでしょう。

未来社会は人を助けるロボットに囲まれて便利で楽な生活になりますが、ロボ車は所詮ロボットです。心を宿さないように作らなければ、ロボット同士がご主人様を取り合って、敵対関係のようになりロボット戦争が始まる事を考えて製造します。未来をコントロール出来るのは人類である事を認識した、人に仕える良いロボットを造らなければ、ロボット自身がロボットの幸せを考えて人類を破滅させる、恐ろしい行動に出る可能性もあります。

利便性を追求すれば個人情報などと同じく危険性もはらみます。

35

ロボ車はガイド、食事、ホテル、ライブチケットの予約貴方の秘書にもなる

未来都市では人は歩きません。衝突、転倒しないAIで守られた安全な車椅子型ロボット車が貴方の足になります。ホテルに案内して、美味しいお店に連れて行き、未来都市の進化型野菜工場などの観光ガイドもして、滞在期間中の観光満足度を高めます。

2025年から120年先の未来では、現在主流の電気信号を利用するコンピューターから量子コンピューターが主流になっているでしょう。

現在のAIより深層学習力に特化した量子AIが人の生活を補助します。仕事から、身近な家庭生活の問題や地球環境、天気予報まで、数百年後の未来予想などが可能な世界になります。便利だけど、チョット不気味です。

未来都市の乗り物、自動ロボット歩行車の詳細を話しましょう。この未来都市に旅行者として滞在する人、この街に通勤して仕事をする人、生活する人は街の入り口ゲートを通過する時、関西のテーマパークや千葉のテーマパークのように未来都市入場チケットの印として腕に切手程の薄い小さなチップを自動的に貼り付けられます。そして、全員、現在、高齢者や介護関係で利用されている電動車椅子のような乗り

物に乗せられます。

　これが車椅子型ロボットです。皆様の考えている未来の人型ロボットとは違うので少し不安になりますが、このロボットの凄さを直ぐに理解出来るでしょう。車椅子が量子コンピューターＡＩ搭載ロボットになっています。軽量で絶対に他の歩行者と接触しない、車椅子型ロボット同士の間隔を安全に維持して他の車両との接触事故もなく転倒もしません。一瞬の間に量子コンピューターで制御されます。

　街に滞在中は車椅子型ロボットに貴方が好きな名前を付けて貴方の友人のように愉快な会話が出来ます。情報量は人間を超えています。知能も人より優れています。外見は車椅子ですが貴方の秘書の役割も担います。例えば、未来都市の観光案内と貴方が観たい観劇のチケット予約は勿論、劇場まで車椅子で送り、そのまま劇場の中を縦横に走り、貴方の席までイス型ロボットが到着すると、そこが貴方の観劇位置で椅子になります。翌日、ホテルで寝ている貴方を目的地までの時間を計算して、寝坊な貴方が遅れないように、あと何分で劇場が開演しますよ、と叩き起こされ、目的地まで連れて行ってくれます。
　走行スピードは目的地までの到着時間と街の混雑状況をＡ

Iが絶えず計算しながら、最大スピードで時速を調整しながら絶対に衝突事故、転倒事故は起こさず、貴方を安全に目的地に送り届けてくれます。

未来都市で働く貴方の事務所では貴方のオフイス椅子として利用し、未来都市に貴方の家があれば貴方の自宅のリビングで貴方との会話を楽しみ、料理も教えてくれて、テレビの希望の番組を教えてくれて、解らない事にも直ぐに答えてくれる便利なロボットです。ロボット走行車が未来都市に訪れた人の数だけ存在します。

この車は貴方と一体となり、食事に行く時も車ごと飲食店のテーブル前に連れて行きオーダーを取ってくれます。宿泊予約のホテルに連れて行き、勝手にチェックインをして部屋に連れて行ってくれます。車椅子型ロボットはホテルの部屋の隅に行き、自分で自分のバッテリーの充電もします。

イス型自動ロボット車は便利すぎて、食べて、観光して歩かなければ、未来の世界は健康に悪いような気はしますけど、歩きたくない貴方、如何です？　体験は未来都市が完成する２０４３年まで待ってください。それまでＮＨＫのラジオ体操、ウォーキング、ゴルフ、スイミング、ダンス、美味しいものを食べて体を動かし、いつまでも若くいられるよう健康に留意してください。

36

ロボ車は移動手段以外に会話を楽しみ友達にもなる

電動型ロボ車は、人と日常会話をジョークも交えて出来ます。ライブや劇場のチケット予約、レストラン、ホテルの予約も出来て秘書の役目もしながら、未来都市に滞在する間、心が通い貴方の友達のような関係です。

もう少し、イス型自動ロボット車の事を説明します。車椅子型ロボット車は長い名称なので読みやすいネーミングに変えます。ロボ車にします。このロボ車は量子コンピューターにより制御され、お客様との会話学習でお客様の心を虜にしてしまう危険性もあります。

ロボ車は未来都市の中央コンピューターと常時アクセスしながら走行しています。ロボ車の背もたれにはスピーカーが内蔵されて、ひじ掛け部分には液晶画面が貴方のスケジュールを指示しながら行く先の情報を教えてくれます。

もっと情報を入手したい時は貴方の目の前に、ｉＰａｄ画面の鮮明な映像が浮かびあがり貴方の欲しい情報を明示してくれます。貴方が言葉を発するとロボ車と会話が出来ます。耳当て式のヘッドホンを付ければ他人に聞かれる事もありません。驚くのは、このロボ車は量子コンピューターで制御され、人との通常会話を楽しみ人の心を読み解きながら進化していくことです。

気が付けば愛称で互いに呼び合い、心が通じ合うと友人を超えて愛情が生まれます。愛犬、愛猫などに向けるのと同じ感情が生まれ、未来都市神戸を離れる時、別れの感情が複雑になります。自宅に連れて帰りたい欲望を貴方は抑えられないかも？

未来社会に憧れると同時に、人類の利便性を追求して科学が進化すると、リスクを背負って進化するんだと、思えてきます。

２０２５年頃、今の時代、東京の街にロボ車があれば便利なんですけどね。

37

未来社会にはスマホは無く、切手程のチップが個人情報の全て

未来社会ではスマホも、マイナンバーカードもありません。
身体に付けた切手程のチップが貴方の個人情報を駆使して、
金銭を支払い、予約、支払い、情報を一括管理しています。
(他人に漏れる心配は量子コンピューターで守られます)。財布、スマホは不要です。

１２０年後の社会情勢をもう少し説明します。未来に生まれた貴方の子孫は現在の戸籍謄本のように政府の機関に届けられ、個人情報が登録されナンバーが付与されます。人の一生は政府の情報局が管理し、

学校から職業、勤務先、年収、貯金額など全ての個人情報が登録されます。嫌な時代ですね。貴方のヘソクリはどうなる？　１２０年後は、現在ポイントが付くマイナンバーカードは何処かに消えて存在しません。

未来では貴方の身体の中に埋め込まれたチップが貴方の全てを支配します。貴方の個人情報は、所持している財産も、働いて得た収入額も不動産も、家系図も全て政府機関の当局が知る所となります。随分、

恐ろしい話になりますが、マネーロンダリングも税金の誤魔化しも出来ません。なんせ現金で精算する事はとうの昔に終了しています。

貴方が此の未来都市を訪れた時に、入場ゲートで最初に出会うのが貴方を出迎える人型ロボットです。丁寧に未来都市の説明をすると、貴方の腕に切手位の小さな入場許可証となるワッペンを貼り付けます。このワッペンが貴方の未来都市での証明書でもあり貴方の情報を網羅しています。貴方が未来都市に滞在する間、ワッペンがクレジットカードとなり貴方を認識してホテルと買い物、劇場入場料の決済も全て行われます。

ワッペンはこの街に貴方が滞在する期間中、絶対必要です。貴方のデータを中央コンピューターと繋ぎ、双方の情報交換を行う事が出来る利便性に優れたワッペンです。ワッペンは腕にも身体の何処にでも貼り付ければ何でも出来ますが、ワッペンを忘れて外出すると、ロボ車にも乗れず、スケジュール管理も出来ません。

今、皆さんは、携帯とクレジットカード、タッチ式のカード、車の免許証などを常時所持する事が当たり前ですが、未来社会では現金での支払いは出来ません、現金が社会に流通していません。現在、皆様がお持ちの現金は近未来には必要が無くなります。記念硬貨、記念紙幣の価値は無くならないですが、現金は最終的には政府が引き取り貴方に仮想通貨を発行する事になりそうです。

貯金箱に小銭を貯めて、時々貯金箱を持ち上げてその重みを感じた時代は終わります。お金が流通する効能が無くなると、皆様がお持ちの記念紙幣、硬貨はどうなるの？　昔、テレカがありました、皆さん何十枚もの記念テレカを集めていましたね。お金は、はて？

38

仕事も生活も支払いも全てチップ経由

未来社会では仕事も家庭も支払いも全てチップ経由になります。財布も現金もパスポートも必要ありません。

この街で働く人は目の前の空中に現れる鮮明な映像で仕事をします。

手入力よりも声で呼び掛ける、聞く、自分の考えを言う、数字を伝えて集計結果を知る、腕に貼りつけた切手程のチップが企業の中央量子コンピューターに送信し、上司からの指示もします。

勤務時間も少なくなり、残業もありません。でも、人が熱意を持って仕事に打ち込む事が少なくなりそうです。

未来都市神戸には観光客以外にこの街で生活する人、未来都市が気に入り長期滞在する人、観光客を受け入れる人、アーケード街で飲食を支える人、ファッション街に勤める人、オペラ歌手など芸能人、俳優などの芸術の街で活躍する人、未来研究機関、地球環境研究所、未来型ロボット開発機関、中学、高校、大学生が学ぶ科学者技術育成学校、未来の世界を研究する機関が設けられるので、世界各国から特別な才能を持った選りすぐりの専門家が送り込まれて、知的労働者が多数生活します。

他にホテルの運営関係者、電気製造会社員、下水道運営技術者、野菜工場技術者など多彩な顔ぶれの人が行き来します。この街で働く大方の人はロボ車と腕に貼りつけたチップを利用して仕事をする事も出来ます。また、利用しなければ仕事がスムーズに進行しません。

貴方の仕事の内容は解りませんが、同僚との連絡、会議、他のセクションとのコミュニケーションもロボ車とチップ経由です。仕事の効率は上がりそうですが、仕事の内容はロボ車とチップを通じて会社の中枢に送られて集約されます。

例えば飲食街で今日消費された食品量と街に滞在する人数から、明日、この街で使用する食料品の必要量を予測して必要な場所に必要な時間に運び、いつでも利用出来る環境を担っています。

野菜工場も食肉加工場も必要な生産量を把握して生産効率を100%にします。未来都市の電力も電気消費量を考慮した電力量を感知して発電機稼働率をコントロールして無駄な電力は充電に回して効率を高め、二酸化炭素の排出をゼロにします。現代主流のパソコンとスマホは存続していません、過去の物です。

何でも、ロボ車と腕に装着したチップが頼り、チョット不気味ですね。ロボ車と切手程の小さな腕に貼りつけたチップに指示を仰ぐ、ＡＩロボ車が上司……ひょっとして、それが未来？　心配になってきました。

39

未来社会では現金は流通していない

未来社会では現金が流通しておらず、テレホンカードと同じ運命になります。貴方のタンス預金は早めに使いましょう。

１２０年後の未来には、現金は社会に流通していないでしょう。

想像の範囲で申し上げます。現金は通常持ち歩かなくても体に埋め込んだチップ情報で買い物の決済が当たり前の世の中になっています。金融関係以外の車の免許証、資格証明書、マイナンバーカードも、印鑑も必要ありません。全てチップが本人を認識証明しています。

盗難や紛失の心配がある財布をカバンに入れて持ち歩く必要がありません。現金もクレジットカードもスマホ決済も必要なくて精算される仕組みです。

現在、殆どの人が持っているスマホに変わる情報ツールの腕に貼りつけた切手状のチップ（生まれた時に身体に埋め込んだセンサーが同意する）を利用して買い物の支払い、電車、飛行機などの乗り物、ホテル、百貨店、飲食店の支払い決済が出来るようになっています。財布も、携帯電話も持たなくてよい時代です。子供が迷子になる事も無く、便利です。

今、流通している現金は情報の進化と共に現金価値が消滅する時が来るでしょう。政府が現金とネット空間で通用するお金に変更します。お金の動きが解ると詐欺、窃盗、泥棒などで生計を立てている人は仕事が無くなります。マネーロンダリングも未然に防ぎ、お金に関する犯罪が激減します。警察官の仕事も楽になりますね。

身体埋め込み型チップでお金の管理が出来る時代が近い将来訪れると、銀行の定期預金で少しの金利を受け取っていた時代が懐かしくなります。

銀行も、未来に生き残れる仕事を今から始めなければ、お金の管理が必要なくなると銀行の仕事が激減して銀行という言葉が無くなるでしょう。

月給も仮想空間で入金され、現金が流通しなくなるとご主人のヘソクリも、奥様のタンス預金も、持っている事での安心感も無くなり、密かに持っていた記念紙幣、記念硬貨も値上がり期待で所持していた値打ちがなくなり、いずれ、テレホンカードのように利用価値のない貨幣を眺めて、ため息をつくでしょう。

万一の時の為に、続けてきたタンス預金の価値が無くなる近未来が来ます。お金は経済の車です。常にお金が社会に流通すると経済が活性化され景気が上向きます。日本の家庭に眠るお金を社会に還元しましょう。

40

米やパンに代わる主食が登場します

120年後の未来社会では現在の主食、お米、パンに代わる美味しい新食品が工場で製造されています。

地球温暖化などの影響で農作物の減少と人口増加の割合が崩れて、食料不足に備え工場生産できる新しい主食を考案しなければなりません。

未来都市神戸は地震、巨大台風など自然災害の発生時には、そこに滞在する人の生命を守り、電気、下水道の設備などのインフラと生活飲料水、食べ物を確保し、平常時と同じ日常生活が出来るようにしています。

日常生活に必要な食糧の生産と、現在流通している食品以外の新しい、美味しい食べ物を考案生産します。

未来都市ではこの街で消費する食料品の一部を工場生産します。牛肉も出来ますよ。イヤ、牛肉に似た牛肉らしい食べ物を新しく開発します。勿論牛肉に負けない美味しさを保持します。肉に似た食品製造と果物と野菜工場も設置して未来都市で消費する野菜類の殆どを生産します。

お米と穀類は未来都市神戸の農地面積が限られて生産は出来ません。そこで、消費する6か月分のお米と小麦・穀物用の貯蔵庫をプラットホーム型都市の下部に設置します。野菜工場では昼夜、廃棄物処理により出た熱源を利用しながら、風力利用発電装置の電気を利用して高層階型水耕栽培育成装置で出来る限り食料の自給自足を目指します。

更に、未来都市は海面上にあり、プラットホームの下で魚類の養殖も手掛けます。獲れた魚類は冷凍して保存します。問題は、太陽が当たらない場所での養殖が出来るか解りません。

なんらかの方法があるように思います。

未来都市の観光客は常時新鮮で採れたての野菜を食べて、新鮮な魚と神戸牛と同じくらい美味しい牛肉のようなたんぱく質を味わう事が出来ます。

もし、地震、巨大台風や津波が発生しても未来都市滞在者の生命を守り、滞在者の食事と水道水、電気を自給自足して物流が復旧するまでの間、何事も無かったように平常と変わらない日常生活が出来ます。

120年先の未来建築物ですから、東南海大地震に耐えて被害は殆ど影響ありません。

海上の空中に浮かぶ未来都市は、陸上に建つ建築物よりも安全に設計されています。その上、プラットホーム型未来都市は応用範囲が広く、海上にだけ捉われず何処にでも建設出来るのが魅力です。台風、地震、豪雨災害に強い建築物として、平面のない山間部、砂漠地帯、必要なら、大きな川を挟んで建築出来ます。

近い将来、神戸国際空港の滑走路延長と国際線多忙の時は第二滑走路の建設に世界初のプラットホーム型未来滑走路を計画出来ます。もし、神戸国際空港でプラットホーム型滑走路が完成すれば、世界中で飛行場拡幅工事の革命になりそうです。無限に利用範囲が広まります。

貴方の会社で貴方が発案して貴方の会社が製造しませんか？　如何でしょうか？

41

未来には今ある職業がなくなり、新たな仕事が生まれる

社会構造改革が進化すると人の仕事の大半が消滅します。

今、貴方がしている仕事は無くなり、新たな仕事が生まれています。

今回は、貴方の現在の仕事は未来に残るでしょうか？　というテーマです。

１２０年後の未来では、今の仕事は消滅する？　それとも？　現在の仕事が通用する職業もありますが、殆ど消滅するでしょうね。

驚くでしょうが職業図鑑は一変するでしょう。

殆どの職業は１２０年後にはありません。どう変化するのか、世界の誰も予測不可能でしょう。

人類は仕事を通じてどんな職業でも直接的、間接的に何等かの社会に貢献しています。
それによって適正な給料を得て、あるいは経営を通じて利益を得ます。未来も同じです。人の役に立つ仕事は尽きません。量子コンピューターＡＩロボット全盛期で人に代わり合理的で疲れを知らないロボットが一日中24時間働き人の何倍も効率を高め、物の値段が下がり、便利な世の中になりますが、その分人の仕事が奪われて仕事が無くなります。心配でしょうが、心配いりません。人智は世の中の変化を先取りして、現在無かった仕事が新たに出現します。
例えば江戸時代の東海道の絵図を見ると駕籠に人を乗せて担ぐ人、馬の背に揺られる旅人、川を渡る人を乗せる渡し舟の船頭などが描かれていますが、駕籠を担ぐ人、駕籠を造る人、馬を交通手段にする人などは一部を除き現代では消滅しています。

江戸時代でも職人さん、商人、旅籠、事務職もありました。お城に勤務しながら勘定方と言われる侍、悪人を捕まえる町奉行所（警察署）、人入れ稼業（職業安定所）、大工さん、植木屋さん、郵便屋さん。馬を使って人を運ぶ仕事はタクシーに変わり、荷車で物を運ぶのはトラックに変わりました。その他、商店は色んな職種毎に分類され、その多くは現在も通用しています。

ですが、あれから１２０年後の現在では新たに誕生した仕事が殆どです。自動車、鉄道、フェリーボートなどを動かす人、飛行機ならパイロット、キャビンアテンダント、コンピューター技術者など過去に無い職業が生まれています。

人は進化します。進化に合わせて新しい発想と想像から新しい職業が誕生します。ロボットが人の職業を追い越して人の職業を先取りする事はありません。先ず人の仕事を楽にする科学の進化でロボットが追い付いて来るのです。現在の殆どの職業はロボットに取って代わられますが、貴方の働く場所はあります。どんな職業になっているか解りませんが、仕事で社会に貢献しながら家族を養い、現在より働く時間も短く、一週間で２～３日働けば、給与も今よりＵＰするでしょう。

余暇が多く、現在の生活より生きて行くのが楽しい時代になります。出来れば１２０年後に生まれた方が良かったと思うかも知れません。

42

未来ではチップ（ワッペン）で犯罪を防止できる

未来は身体に貼り付けたチップによって犯罪は激減します。犯罪が生じてもロボット警官に直ぐ逮捕されます。

未来都市では犯罪は防止できます。いつの世も殺人、強盗、泥棒、詐欺、性犯罪、暴行などの犯罪が絶えません。

現在では犯罪が発生してから取り締まりが始まりますが、120年後の未来では犯罪予防が進化して、犯罪を犯す事が不可能になりそうです。

2045年に完成予定の未来都市神戸では120年後の未来を先取りして犯罪ゼロを達成したいと考えています。どんな仕組みかというと、未来都市のゲートを通ると腕に切手様の情報ツールワッペンを貼り付けます。このワッペンが貼り付けられた人の全ての行動を管理しています。何処にいる、何処に行った、何処で買い物をした、等々。もし、誰かが、無人コンビニでお金を払わずに出て来ても、ワッペンにより自動精算されます。

無人自動バスの中で人のバッグから財布を抜き取ろうと思っても（この時代には現金を持ち歩きません）、ワッペンが不審な人の行動を察知して記憶しています。犯罪が行われたら中央コンピューターが防犯カメラと連動して、直ぐに人型ロボット警察官に逮捕されるでしょう。お酒を飲んで、暴れても、スマホカメラで破廉恥な写真を撮っても、直ぐにロボ警察官に確保されます。

未来都市で犯罪が起こらない仕組みになっていますが、人の行動がワッペンにより監視されています。安全は保障されるが個人情報は中央コンピューターで凝縮されています。

誰が管理するのでしょうか。不気味な世界が誕生するようでチョット怖いですね。未来は利便性に優れ、憧れもあります。でも情報コントロールの規制が必要ですね。4月1日のエイプリルフールに貴方が友人に小さな嘘をついたら、ワッペンはどう判断するか、解りません。それとも、犯罪履歴として残されてしまうのでしょうか。

第4章　未来都市の観光

43

羽田に到着した観光客は僅かな時間で未来都市を体験

成田空港、羽田空港から１００分で未来都市に到着できます。

未来都市神戸の魅力は、日本中のどこの空港から乗り継いでも最短時間で未来都市に降り立つ事が出来る事です。このイラストは、神戸国際空港からドローンタクシーで高層タワー発着場に到着した時の想像図です（１００年先の未来ですから眼下の建物群はイラストと違う構造になります）。

眼下の建物群を見下ろしながら、１００年先の未来は２０４５年時点とどのように違うか、心躍る瞬間です。

外国から羽田に到着した観光客は神戸国際空港に向かい、神戸国際空港からドローンバスに乗り換えて５分で未来都市神戸に到着します。観光客が成田空港に降り立ってから90分後には未来都市の世界を体験して楽しむ事が出来ます。外国から関空経由では、ドローンバスで20分後には高層ビルのドローン発着テラスに降り立ち、初めてみる未来都市を眼下に見下ろす事が出来ます。

神戸空港が国際空港になれば、未来都市の為に神戸国際空港に昇格するような感じです。未来社会とは旅行行程の時間のロスを無くす事から始まります。

44

神戸・大阪・京都・三都市を巡る観光が日本の目玉観光地になる

神戸未来都市を堪能した観光客は、どぶ川を再生し清流となった道頓堀食い倒れの街の食を求めて大阪へ、そして歴史遺産を見に京都へ、三都市を巡るのが日本の観光の目玉になります。

神戸空港が国際空港になり外国からの観光客が神戸空港に降り立ち、ドローンタクシーで未来都市神戸で数日間過ごして、未来の街を楽しみ堪能すると次は食の街大阪に行きます。

道頓堀のグリコサインの前で記念写真。これは、現在も未来も変わりません。お好み焼きとたこ焼きに飽きたら、京都で、数百年前の木造建築寺院など日本の歴史に触れて日本ファンが増加。未来都市神戸、大阪、世界遺産豊富な京都の三都市観光が世界の流行になります。

その時分にはタイガースが優勝すると多くの若者が飛び込むことでも知られる、汚れて臭い道頓堀川も大阪市の努力で鮎が泳ぐ綺麗な清流になっています。昔、阪神が21年ぶりのリーグ優勝を決めた時、ケンタッキーフライドチキンの店にあったカーネル・サンダース像を阪神ファンが担ぎ出して道頓堀川に投げ込んだ騒動がありました。でも、もしまたそんなことがあったとしても、24年も行方不明になり、見つかった時はヘドロだらけ、ということもありません。

大阪市が努力すれば、どぶ川も清流に生まれ変わり、世界から政治のリーダーの方がわんさか視察に訪れて、汚濁の川を清流に復活させる技術力を世界が待っています。どぶ川の再生が観光資源になり、技術輸出も出来ます。

フランスのセーヌ川も、ドイツのライン川も、イギリスのテムズ川も綺麗とは言えません。道頓堀川が清流になると、大阪市の技術力が話題になり、世界各国から見学に来日します。川の底まで透明になり、魚の泳ぐ姿が見られる道頓堀川を実現されませんか？

大阪に奇跡を起こさせる、パワーが必要です。大阪を元気な経済都市に出来るチャンスを逃さないでください。大阪市民の思いと努力と熱意で政治を動かし、清流に戻す運動を、期待しています。

京都も大事です。京都は大阪や神戸に無い歴史遺産が豊富で、街の至る所に点在しています。世界文化遺産が現在17か所もあります。

先人が残してくれた再現不可能な貴重な文化遺産が残る京都は日本国の宝です。

太平洋戦争で攻撃対象から外してくれたアメリカの歴史研究家の努力と、受け入れた軍部の余裕を今、有難く思い、観光資産を残してくれた事に感謝です。

神戸の人智による未来都市と、食と芸能と清流の大阪、歴史溢れる古都・京都、この三都を繋ぐ、世界の一大観光地にします。関西経済が飛躍出来るチャンスを逃さないように、未来都市神戸を完成させましょう。

東京圏と関西圏のアクセスも20年後には夢のリニア新幹線の開通で僅か60分の距離になります。それにドローン車を活用すれば、日常生活が時間短縮されて、一日24時間が長くなります。日本の国の往来が時間単位になる移動時間の短縮は大変なメリットです。

45

世界の有名企業の施設見学も可能

この街では未来研究機関や未来にヒットする製品製造工場を見学出来ます。

この街で活躍する未来のヒット商品を製造する工場を世界中から誘致します。未来都市に出来る研究施設、世界の有名企業の製造施設を誰でも自由に見学が出来るメリットがあります。

　世界中の製造メーカーの技術者が我も我もと押し寄せます。ヒントをつかんだメーカーは更に未来志向の製品を世に送り出し、未来製品製造競争になりそうですが、未来都市神戸の未来技術研究所が人に優しい、更に凄い技術を考案してくれます。

　アーケード街を外れ外周道路を行くと、そこは現在製造されていない未来の生活用品や食品などの製造工場街と研究施設街になります。工場と言っても街の工場とは別世界です。粋を凝らした建物外観、中に入ると製造工程を誰でも無料で見学出来ます。

　神戸のお菓子、長田の靴、灘の酒、神戸牛、などの名産品製造企業と未来の地球規模での研究機関、未来人類の生活実験研究、増加する人類の食料倍増計画と工場生産型野菜工場をはじめ、たった地球上に2・5%しか無い真水の陸上貯水研究施設など自由に誰でも見学が出来ます。

　神戸では長田の靴製造会社が有名です。スニーカーやファッションシューズなどのロボットによる作業工程を見学して、終われば出口にある展示場で自分に合う靴を選び購入出来ます。同様にファッション街では自分の容姿をアバターモデルに転身させて、無数にある見本の洋服に着せ替えて自分にピッタリ似合う服を注文すると、数時間後には世界で一つの衣服が出来上がります。貴方が宿泊先のホテルに戻る時には届けられています。

観光してお腹が空くと、神戸はお菓子でも有名企業が沢山あります。幾つかのお菓子製造会社の出口にはカフェが併設されていて、そこで出来立てのケーキや、お菓子を味わい、仲間と寛ぎながらよもやま話を楽しむ事が出来ます。

美味しかったお菓子はお土産に買い物して、自宅に発送する事も、ホテルに届ける事も出来ます。神戸はお酒の産地としても有名です。六甲山の伏流水を利用した灘の酒は全国に知れ渡っています。清酒以外のワインもウイスキーも製造して、自由に誰でも見学しながら出来立てのお酒を試飲してお土産を購入出来ます。

お酒があれば、食べながら飲みたいと思いますね。当然そこに併設された世界の酒のつまみも味わえます。アルコール好きや甘党ファン、ファッション大好きな方には未来都市は天国です。

１２０年後の未来人の労働時間は現在より少なく、経済的にも恵まれた生活が約束されます。私達の子孫は私達の残した知的進化の恩恵を受け、未来を切り開いた先祖の私達に感謝してくれるでしょう。

46

アニメ作品にあなたが参加できるアニメ街へ世界中のファンが殺到する

ロボ車は便利。チケットの取得と乗車したまま、劇場の貴方の予約した席で観劇出来ます。

未来都市のアニメ街で、貴方の好きな等身大のアニメの登場人物と貴方が劇中恋愛も可能です。活劇シーンで悪役を相手に刀を振り回したり、パンチの応酬をしたり、貴方の思い通りの自由自在のストーリーを創り未来バーチャルの世界を楽しめます。

夢が覚めないように同時録画して、自宅で再現出来るようになるかも?

ロボ車に乗ってアーケード街のアニメ街に着きました。予約なしに、道路に面したアニメの館に入り、お目当てのグッズ売り場を通り過ごして奥に行くと、広い空間に数十の部屋が用意されています。階層は20階です。空いている部屋にロボ車が勝手に案内してくれます。

これから貴方の希望するアニメの主人公に貴方がなれる体験が出来るのです。ガランとした灰色の壁に彩られた部屋に案内された貴方が希望する漫画を選択すると、突然漫画の映像が投影されます。部屋の中いっぱいに立体的に風景と登場人物が現れ、プロジェクションマッピングを利用してバーチャルの登場人物が立体的に鮮明に目の前に再現されます。貴方が漫画の中の登場人物として活動出来ちゃうんです。驚きの世界です、ただし、触っても抱いても抱きしめられません。無数の投射技術による、架空の立体映像の物語です。

アニメの世界は広く、無限にストーリーがあります。此処は日本ですから、竹取物語や一寸法師など古典的な物語や近代漫画の数々の作品の中から自分の好きな作品の主人公を選びます。あらゆるジャンルの漫画のキャラクターに貴方自身がなり、貴方の動きでストーリーを変える事も出来るようになります。漫画の登場人物と恋愛も活劇も体験出来ます。120年後には想像も出来ない事が出来ちゃうんですね。

長生きして体験したいなー。うーん、俺は無理かな。

47

自分のアバターが未来都市を観光

未来都市では今、貴方が想像し描く社会生活を実現します。

仮想空間、メタバースが進化して、自分のアバター（自分の仮想分身）を未来都市観光に瞬時に向かわせる事が出来、世界の何処からでもアバターを通じて未来都市の施設を体感する事が出来ます。勿論皆が行きたい有名なテーマパークも音楽ライブも野球観戦も数十年先には自宅で体感出来るようになります。

例えば、貴方のアバターが未来都市のアーケード街を自動ロボット歩行車に乗って歌舞伎座の前で立ち止まり、看板を見ながら街を散策し、劇団四季劇場に向かい、自動ロボット車に乗車したまま入場します。

自分は自宅でコーヒーを飲みながら実際に上演されているオペラ座の怪人を観劇して、劇場に来ている人と同じように拍手に応えるカーテンコールの出演者の満足げな顔を見て、終われば劇場を後に自動ロボット車が事前に予約した飲食街のステーキ店に連れて行ってくれます。
ただ、本人がこの街にいないので、アバターが美味食彩にあふれた食味街で食事する事は出来ません。それが残念です。
貴方がこの未来都市を実際に訪問して廃棄物ゼロ社会の根幹、上下水道の仕組みを見学に行く時はロボット車でアーケード街に接する無人自動走行バス&タクシーが、貴方を乗せたまま自動ロボット歩行車ごと乗り込み目的地に安全に送り届けてくれます。

48

貴方が知ってる、あのアニメでバーチャル体験

貴方が漫画の主人公、アニメの世界を体験します、主人公になって空を飛べるかも。

アニメの街では、漫画やアニメの主人公になり切り、貴方の街の天空を飛び、貴方が好きな国民的アニメの漫画の世界を体験出来ます。

22世紀の漫画界は現代以上に隆盛し、想像を超える進化で人の心を捉える存在になります。

では、未来都市神戸漫画街で、貴方が体験できる内容を説明します。

無数にある部屋に入ると、貴方はお好みの漫画の中の登場者になって漫画のストーリーの中に登場できるのです。今日、貴方は国民的アニメの主人公を選択しました。漫画の最初の一コマからストーリーが始まりました。目の前にはアニメ映画で見た景色が広がり立体的な場面になって、次から次へと等身大の登場人物が目の前で貴方に話してくるのです。

貴方が適当に相槌を打つと場面が次の一コマに変わり、貴方が空に飛び出し街の上をヒューと飛んでいます。街の上空を飛ぶ感触を味わいながら、貴方の髪の毛、顔、衣服を風が強い力で後ろへなびかせ、風の抵抗を感じながら空高く舞い上がり、高所から街を見下ろすと恐怖心から思わず細い頼りない箒にしがみ付きます。

貴方の住んでいる街の名前を言うと、映像の貴方の家の上を飛ぶことも可能です。やがて、地上へと舞い戻ります。ホッとしている間に次の一コマに場面が変わり次から次へ登場人物が現れ、貴方に語り掛けます。そうです、貴方は主人公と同じ行動をしているのです。景色も、漫画と同じように目の前に立体的に現れ、仮想空間が現実に思えるリアルな体験が出来ます。アニメ街では世界中の代表作で、貴方の希望するアニメの中の好きなキャラクターの登場人物になりきれます。如何です、貴君の国民的アニメの物語を体験しませんか？　未来って素晴らしい世界が待っています。

49

埋もれていた神戸を、魅力いっぱいの観光都市神戸によみがえらせる

近い将来、ドローン車が、街の上空、定められた飛行ルートを往来する時代が来ます。眺望と神戸牛、お菓子、長田の靴、酒造産業の魅力を世界に広める観光都市神戸をアピール出来るチャンスを創ります。

いつも残念に思う事があります。神戸は観光客を引き付ける魅力に欠けるように思うのです。昔、居留地、あるいは異人館が観光都市を目指していたように思います。今は、観光をチョットして神戸で宿泊する事が少なくなり、大阪と京都への通りすがりの街になりました。

神戸の良さをアピール出来ていないから、海、山、街並み、明石海峡大橋などが活用不足に見えます。例えば、阪神タイガースの応援歌で有名な六甲山を活用しましょう。

現在の展望台は眺望が悪すぎます。頂上は頂上の利点もありますが、展望台の位置を変えて、六甲山と摩耶山の両方に跨る場所で、高さは少し変化しますが、神戸市街地と大阪湾の180度眺望を望める場所に新たに展望台を開発しましょう。何も頂上にこだわる事はありません。大阪湾を一望出来る場所にすれば一大観光名所が誕生します。

更に、交通ルートは現在の登山道から枝道を付けて、もし可能なら六甲有馬ロープウェイから新たにロープウェイを新規に導入（摩耶ロープウェイでも可）、未来のドローン車の時代を見越して、ヘリポートを設置します。ドローン車の空中ルートが出来るまで、ヘリ観光も可能、次に行く先は神戸空港にもヘリポートを設置します。

三ノ宮駅ビルの何処かにもヘリポートを設置します。これで、三ノ宮駅から六甲山、神戸空港と3ルートが出来ました。ドローン車の時代になれば三ノ宮駅と神戸空港に到着した観光客は神戸市内の上空を飛び、大阪湾の景色と大阪市内を眺めながら明石海峡大橋を上空から眺め、海からはクルーザーで神戸市市街と四季ごとに彩りを変える六甲連山を楽しめます。海、山、市街地、大阪湾、明石海峡大橋の繋がる観光ルートが完成します。

未来都市神戸の5兆円も要りません、数十億の予算です。

それに、神戸牛、長田のケミカルシューズ、神戸の製菓業界、酒造メーカーも協力して工場見学も併せて神戸経済を底上げします。小さな事業に税金を投入するより、税収入を増やす事に思い切って投資しませんか。税収入が上がれば使い道が見えてきます。

第5章　未来都市の社会インフラ

50

地震、津波、台風、豪雨などの自然災害に強い海上都市構想

世界で初めてのデッカイ海上都市は、地震、津波、豪雨、巨大台風に強い理想都市です。

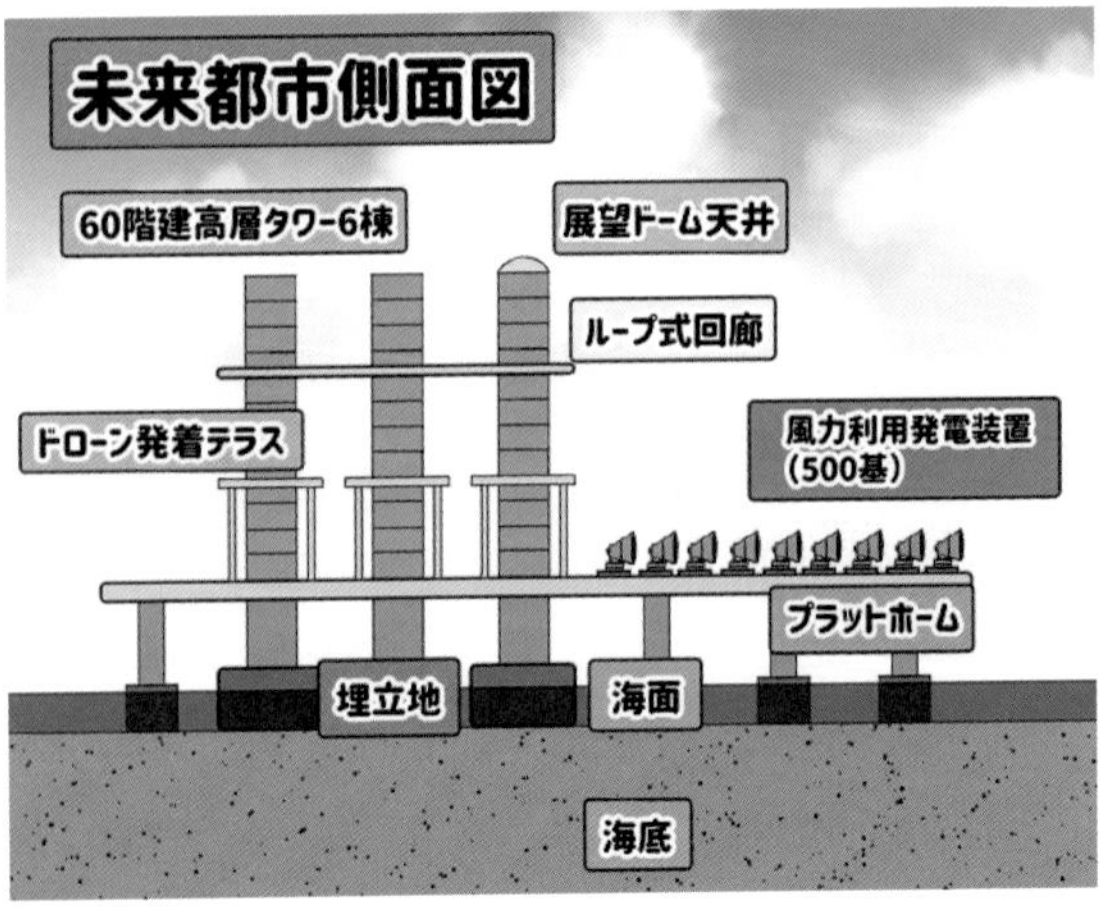

プラットホーム型未来都市の側面図をご覧ください。南北7km×東西2kmの楕円形のプラットホームの形状をしています。

皆様ご想像ください。海上石油基地をテレビなどで見られた方はご存じと思いますが、海面上24mの部分に空中都市が出現します。

解りやすく説明すると、皆様のご家庭の食卓テーブルの脚を短くしたような巨大なプラットホームを、風呂の湯舟に浮かべたような構造物です。

なんで、埋め立てでなく、海上にしたか？　今世紀中に東南海巨大地震が予測されているのに、埋め立てて地震の津波に呑み込まれる未来都市はあり得ないでしょう。もし、阪神

大震災を超える地震が紀州沖で発生すれば、神戸市の沿岸に5mを超える津波が押し寄せる可能性が予測されます。その時、未来都市は地震に耐えて、津波に耐えて、そこに住んでいる人、働いている人は何事も無く、平常な日常を続けられ、自然災害を乗り越え、事業継続出来る都市、BCPが確立されています。未来都市では外部とのアクセスが途絶えても、風力発電設備を備えて電気も、未来都市専用水道も、食物製造工場を有しているので、生活に困る事はありません。

医療も未来都市の中で全て供給出来ます。未来都市神戸は災害に負けない安全な街です。

2045年竣工時予定時点で100年先の未来生活が毎日体験出来る分譲マンションも造りますが、申し込みはまだ受け付けていません。値段は宇宙旅行に一回行くより安くします。

51

未来都市の強みは自然災害が発生しても孤立しない自給自足可能

未来都市では、地震津波、台風、暴風雨などが発生しても孤立しない仕組みになっています。

もし、阪神大震災のような震災が起きて交通アクセスが途絶えて孤立しても、未来都市では水道水と電気と食料も自給自足でき、この街に滞在する人達の日常と変わらない生活を維持出来ます。

未来都市では大震災、超巨大な自然災害が発生して未来都市と他都市とのアクセスが途絶えても、一時的には未来都市に滞在する人々の食料の自給自足を目指し、食料品の生産工場地域を併設します。

野菜、果物と、食肉に変わる新たなミート類とお米、パン食以外の新たな主食となる過去に無かった新たな食品を生産します。現在もインスタントラーメンやスープはお湯を注ぐだけで美味しくいただく事が出来ます。カニカマ、大豆肉などの自然食品に近い味で食感もあり、自然食品に近い工場生産食品が今後普及してくると思いますが、お米、パン類などの主食の代わりになる新たな食料品を開発します。

ご飯やパンのように飽きずにいつでも食べられる、食料工場生産化で安くて美味しい、飽きない味、栄養性に優れ、食べる時の感触も良く、運搬に苦も無く、料理に時間を掛けない、過去の歴史に無い新食糧を生み出します。えっ、今、食べたい？　あと20年待ってください。古代からの贈り物、米、麦、トウモロコシ、牛肉などに代わる新食品を開発しなければならない程、地球気候変動の影響が出るでしょう。

少ない面積で生産効率の良い、美味しい、新鮮な食料生産工場が観光の目玉になり、22世紀の食料生産工場見学に世界中から人が押し寄せます。未来の食料品生産モデルとなります。未来都市神戸が成功すれば、世界中の食料自給率が上昇して飢える人が無くなります。

夢の理想郷を実現出来るか？　出来ないか？　で世界は変わります。日本人の知性と技術を信じています。日本を、希望の持てる未来世界に変えるのです。たった5兆円で……。

52

広大なプラットホーム型敷地を支える為、建築物の基礎部分を数倍にして耐える

プラットホーム型未来都市を支える基礎工事の工法です。

建築物の基礎を通常より何倍もの強固な支柱にして超巨大な街の重量を支えます。

前回のイラストのように、巨大なプラットホーム（皆様のリビングにある食卓テーブルの脚を半分に切って風呂の湯舟に浸けたような形）の上に巨大な建造物を建てる場合、負荷に耐えられる構造物でないと重量を受け止められません。

そこで、この地に建てる高層建築物の基礎部分を通常の建造物の必要な基礎＋プラットホームを支える柱の役割に基礎構造を海底からプラットホーム下部までの間、数倍の規模にします。何せ、幅２０００ｍ、奥行７０００ｍの六甲アイランドとポートアイランドの二つを足したような面積を要した、巨大なプラットホームです。通常の建築仕様では地面の重量とその上に建設する無数の街区の建造物重量と、支える梁や柱を支える事が出来ません。

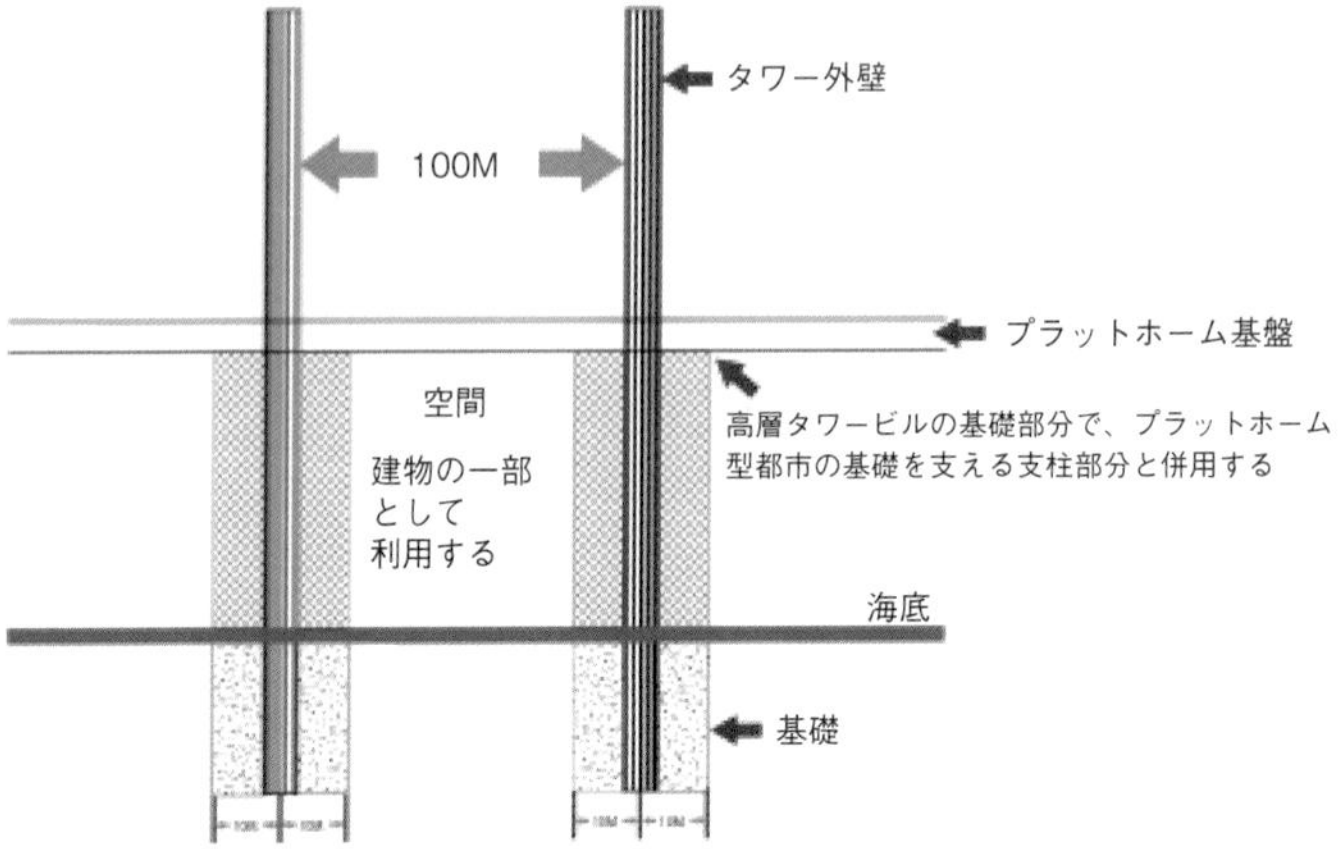
タワー外壁
100M
プラットホーム基盤
空間
建物の一部
として
利用する
高層タワービルの基礎部分で、プラットホーム
型都市の基礎を支える支柱部分と併用する
海底
基礎

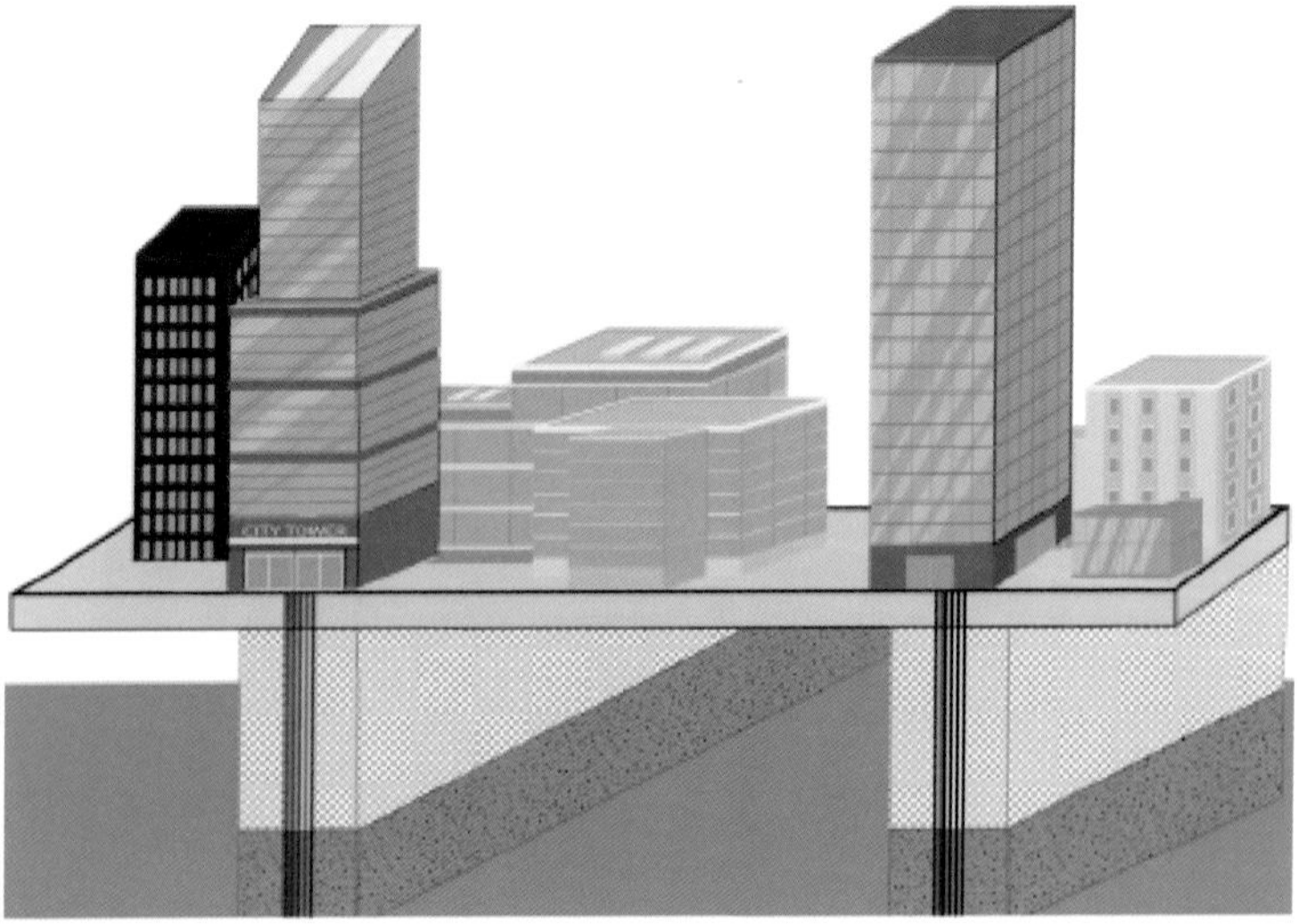

未来都市神戸に建てる建物の建築工法も過去と違います。コンクリートと鉄骨の仕様から、軽量で建築期間の短縮、丈夫で経年変化に耐える構造体、アルミ材、木材と樹脂の利用が条件になります。

右のイラストのように巨大な建築基礎部分の構造体を数倍の強度を持たせる事で未来都市の構想が成り立ちます。この工法ですと、海上に飛行場を造る事も、巨大な建造物を構築する事も、地球温暖化で国が海に沈みゆく国のかさ上げも出来ます。観光都市の港に造るクルーザー船専用護岸も安全安心で最適です。プラットホーム型空中地面、用途は無限にあります。

日本のゼネコンさんに造れない物は無いと思います。世界に誇るゼネコンさん如何でしょう。

53

津波対策と船舶の航行を可能にした海上24mに浮かぶ空中都市

未来都市の高さを海上24mにするのは、この下を航行する船舶と巨大地震の津波対策です。

超巨大プラットホーム形状にするのには、理由があります。東南海地震程度の自然災害が発生すれば神戸港に津波が押し寄せます。津波の高さが6mでも10mでも未来都市では何の問題も無く暴風雨でも高波でも、現代よりも100年後の温暖化の影響で自然災害の規模も巨大になっても耐える事が出来るように設計します。

海面上24ｍは通常船舶がこの街の下を自由に航海出来る事も考慮しています。プラットホームですから、海の上に沢山の強固な柱が林立します。

やみくもに柱を立てるのではなく、東西の水路を中心に東西の水路を設けて自由に船舶が往来出来るように計画を持って橋脚を設置します。

更に、この楕円形の真ん中には楕円形の同じ形をした幅１００ｍ、長さ2～４㎞の空間を開けて、この街の真ん中から下を眺めると穴が開いてそこから海が見えます。

空間から明かりを取り入れる事で、船舶が安全に航海するのに支障のないようにします。

空間を景観に変えて特色のある街になります。

貴方が生きている間に、１００年後の未来社会がどのように変わるか体験したいと思いませんか？　誰も想像は出来るけど、現実に出来っこない。大概の人はそう考えます。だから、夢のような世界が実現すると人は驚き、あり得ない世界を再現するから、誰もが体験したいと思います。

１００年先の未来、未知の体験を求めて世界中から人が日本に押し寄せます。

あり得ない世界を現実に創り出す知性と行動力で世界を驚かせ、地球温暖化で海に没しつつある国を救済する技術力を世界に示すチャンスです。観光客が世界中から神戸に引き寄せられ、憧れの観光都市神戸になります。

そんな夢のような話、出来る訳ないと思うから出来ないので、どうすれば出来るかから考えましょう。貴方の人生、最初から何にも出来ないと思う事から、何にも出来なかった自分になっていませんか？出来ないよりも、出来る方法を考えて　行動を起こせば、貴方の人生は豊かになれるように思います。

54

ループ式空中道路を自動運行電気自動車が移動

未来都市のアクセスの一つに高層建築物の中層階にループ式回廊道路を設置します。

未来都市は縦に南北7キロあり、横、東西に2㎞のプラットホームを支える基礎支持角になる高層タワービルが数十棟建設されます。高層ビルの20階部分には全ての高層タワーを繋ぐループ式空中道路を設けます。

北から南に、南から北に、周回道路はこのプラットホーム型未来都市を一周しています。

北棟から南棟を経由して空中道路を自動運行電気自動車で一周する時間は15分位です。

高層ビルの40階部分にはテラスを設けます。テラスにはドローンバスの発着場があります。関空や、大

阪空港、神戸空港から街に最初に到着する発着基地になります。テラスに到着した観光客はわくわくしながら20階のループ式空中道路を利用して目的地に向かいます。
　未来都市では人の移動は自動運行電気自動車がメインになります。未来の自動車は量子コンピューターＡＩが車の自動操縦を助け、安心安全で絶対に事故を起こさないようになっています。

55

120年前に日本初の輸入自動車は蒸気で動き、これからは、電気エネルギーによる自動運転となる

現在より120年前、明治35年頃日本で初めての輸入自動車は蒸気自動車でした。
購入費用に加えて、専用運転手の雇用など相当なお金持ちしか所有出来ませんでした。

２０２５年から20年後に未来都市が竣工して２０４５年から１００年後の未来都市を想定して建設しますが、誰にも想定出来ない驚くべき世の中になっているでしょう。

今から１２０年前は西暦１９０３年、日本は明治36年頃です、ネット検索すると、明治35年4月にロコモビル社製の蒸気自動車が８台横浜に輸入されたようです。

当時の関税は25％、驚きです。値段と当時の給料平均が解りませんが、相当なお金持ちしか購入出来なかったと、想像します。

明治35年当時は誰が現代の車社会を予言したでしょうか？あれから１２０年、現代はガソリン車から電気エネルギー車へ変換が始まっています。更に、現在レベル２の高速道路自動走行が出来るようになりました。この先、ボディ装備のカメラ、レーダーで路面と周囲の安全を察知してＧＰＳ機能の安全性が確立すると、もう少し時間が掛かるでしょうが、レベル５が約束されると一般道での自動運転が出来ると嬉しいですね。

環境に少し優しい電気自動車で、事故率も下がり、ＡＩの進化で渋滞も減り、車は安全な乗り物になりそうですが、レベル５の認可承認がされると一般道での自動運転が可能になり、車は安全な乗り物になります。高齢者の免許証所持率が増えそうですね。

　安全性が高まり若者が興味を示すと初心者の自家用車保有台数が増えて、カッコ良いEV車の人気車種を生産する自動車メーカーが市場を独占して、現在の車生産率競争が歴史的な転換期を迎えるでしょう。レベル5の自動運転が可能になれば自動車が見直され、自動車の利便性が増して、生産が追い付かない程、製造メーカーに恩恵をもたらします。人の英知は限りなく進化して、日々の生活の利便性を求め、人が想像した機械を創り出して、豊かな生活と、幸せな日々を約束するはずです。時代が変われば電気自動車も古い時代の乗り物になります。

　地上の道路を走るより道路に縛られず、肉眼では見えない空中道路上をドローン車が自在に浮遊する時代が50年しないうちに実現するでしょう。未来都市神戸ではそのドローン車に乗って、大阪湾の上を飛行できる未来社会を先取りします。

　人間の欲求は無限で、絶えず未来を夢見て進化します。現代社会を当たり前と思っている貴方に質問です。現代に生きて、幸せ、それとも１２０年前の時代に生きたかった？

56

地球に優しい自然エネルギーの風力発電を利用する

イラストは私が新規考案した風力発電設備です。風があれば何処にでも設置可能です。場所を取らない、太陽光パネルに負けない出力で、小型で、安価、24時間稼働します。電力需要を変える画期的な機器です。それこそ電力の神風です。

現在、イラストの風力発電設備を特許申請しています。興味ある方はミニチュアモデルを造って発電効率を検討しませんか?

100年後の世界には太陽光発電を超える風を利用した発電装置製造メーカーが産業革命を起こします。信じられないような奇跡が起きます。

19世紀から始まり20世紀21世紀での経済活動による化石燃料の使用で地球温暖化が進み、22世紀には過去に経験した事のない巨大台風、超豪雨災害など、自然災害の規模が増大する事は明白です。

地震、風水害、津波などの自然災害が発生してもここに住み、訪れた観光客の安全だけでなく、交通が途絶えても暫くはこの街に滞在しても食料自給、自前の電力など日常生活と、経済活動が維持出来るシステムになっています。特に大事な電力を自前で賄います。

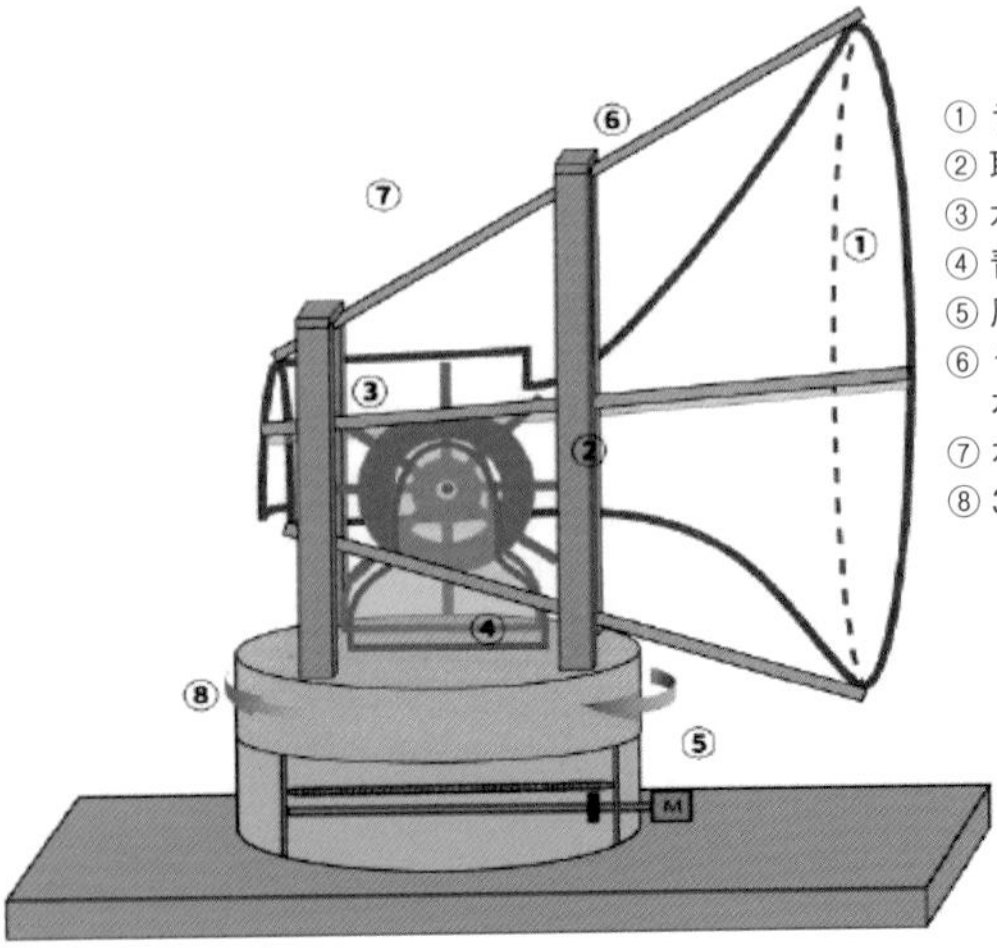

巨大な未来都市では、事業活動と人の居住空間を維持し、大勢の人が街に滞在するには巨大な街を動かす動力源に膨大な電気を必要とします。しかし、電気を生み出す火力石油、石炭、原子力を利用しません。22世紀モデルの未来都市ですから新たな自然エネルギーで賄います。太陽光発電も選択肢の一つですが、この街の電力を賄うには限られた敷地面積なので、未来都市の全てにパネルを敷き詰める事は出来ません。

そこで、このプラットホーム型未来都市では街の周囲に５００～１０００か所に風を利用して電気を造る小型風力発電設備を設置します。これは上の風力発電のイラストにあるように、口が大きく広がり風力が少なくても大量の風を受けてワニが大きく口を開けた状態の入りから風を吸い込みます。しっぽの先に行くとだんだん細くなり、沢山吸い込んだ空気の圧力と風速が早くなり、その空気の流れを利用して下部に取り付けた発電機を直接回し電気を造ります。

神戸沖の海上は阪神タイガースの応援歌、六甲おろしで有名な強風が常時吹いています。少ない風を数倍の力に返還する効率を重視した設備です。風の力を借りて自然エネルギーで生まれた電気を利用して海水から水素を取り出して、その水素で風力発電量の電気を数倍に変えて街の電気を賄います。

風力電気＋水素発電の電気利用計画二段階方式です。風力発電にこだわるのは、狭い面積の海上都市には太陽光のパネルを敷き詰める余分な敷地がないためです。そこで、常時風のある海上ならではの有利性を生かし、風力に頼ります。

風の吹く限り電力を24時間造る風力発電は、太陽の日照時間しか電力を生み出さない太陽光発電よりも効率が優れています。風力発電も巨大な風車方式海上設置方式が現在主流になっていますが、巨大なだけに設置費用も高価になります。

この風力発電装置は小型で安価で何処にも設置出来、例えば、大型タンカー船の甲板に沢山取り付けると追い風の時は機関エネルギーの省エネと、起こした電気を蓄電して船内の電気として利用する一石二鳥の優れものです。他にも、河川敷とか、高速道路の路肩帯、山間、村落の道路、マンション屋上、高層ビルの屋上などの風通しの良い場所に設置すれば、利用価値は際限なく広がります。

57

風力発電で出来た電力で水素を造り、水素を利用した発電が未来都市の電力になる

未来都市神戸は風力で発電した電力を用いて、海水から、さらに水素を製造します。出来た水素で水素発電を行い、二階建て電力で、自立型都市として街の電力を完全に賄います。究極の地球温暖化対策です。

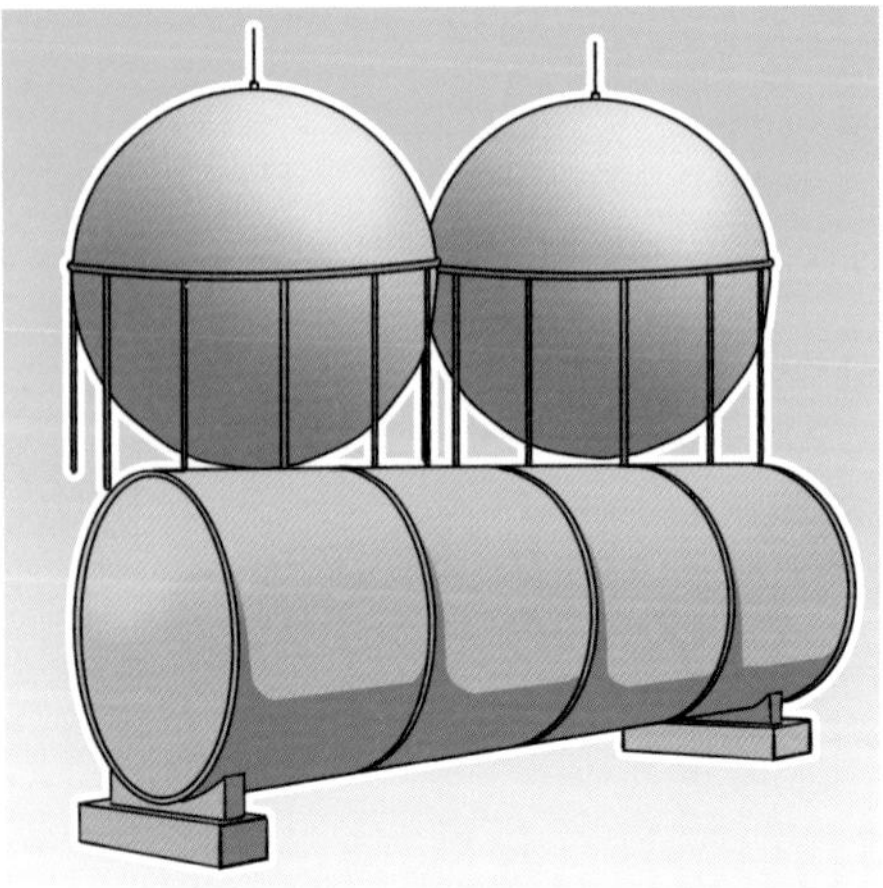

未来都市設計は火力を利用しない自然エネルギーを最大限利用して電力を生み出します。

神戸未来都市のエネルギーは電力に頼ります。地球温暖化対策として二酸化炭素などの温室効果ガスの排出を２０５０年にゼロにする取り組みが始まり、１００年後の未来を先取りする未来都市では、二酸化炭素を排出する火力発電はタブーです。

原子力発電も可能ですが、神戸で原子力発電は神戸っ子が賛成しないでしょう。

そこで、水素発電をメインにします。海水から電解装置を利用してグリーン水素を作ります。水を電気分解して水素を

取り出すエネルギーに風力発電電力を用います。

プラットホーム型未来都市の周りに５００基～１０００基の風力利用発電装置を設置して生まれた電力で水素を取り出す火力に使います。風力発電装置の概要は（神戸市の未来構想　その56で図解説明しています）、水を利用して、風力発電エネルギーを使うので火力ゼロ、二酸化炭素排出もゼロです。

そうです、無から一日10～20万人の人が滞在する街の電力を取り出す事が出来るのが、未来都市構想の切り札です。家庭で使用する電気は風力発電で得た電気で海水を電気分解して水素を作り、水素エネルギーで電気を作り出すのでタダで電気が出来るように思いますが、利用者からは電気料金を徴収します。利用料金は現在よりも安くなる事は有り得ます。

水素を取り出す時のエネルギーによる環境の悪化については、温水に変換して野菜工場とホテルなどの給湯に利用します。世界注目の的、未来都市の電力はこれで問題なく自給出来ます。凄いと思わないでください。私達が使い放題のガス、電気、ガソリン、製品製造時のエネルギーと、人の営みによる地球温暖化を19世紀初め頃の気候に戻したい。22世紀に生きるは貴方の子孫なのですから、彼らの生存が脅かされないように今、真剣に考えましょう。

誰が音頭とるの？　えっ、俺、イヤ、日本中の小中高校生、大学生、科学者、中小企業、大企業の研究者、日本国民一人一人の知恵を出し合って成功に導きたいのです。貴方が主役になります。

神戸市長さん、兵庫県知事さん、いいえ、地方都市の自治体では投資金額が問題です。国家事業になるので、総理大臣にお願いしたい。

出来ない夢を追っかけるバカな事業と思わないで、出来ない事を実現するのが世界に認められ、世界中から人が未来都市を目指し、訪れます。未来都市ではガス配管はありません、100％電力に頼ります。現在のガス会社は未来予測で新たなビジネス転換が必要になりそうですね。

58

ゴミの高度化処理で廃棄ゼロ社会を実現　世界のモデルに

未来都市では生ゴミ、事業ゴミ、し尿処理汚泥は、エネルギーや肥料に変えて廃棄物を宝物に変えて、廃棄ゼロ社会を実現します。

未来都市では現在のゴミ処理技術を更に高度にして理想を現実化させます。100年後の未来の街だから当たり前の事ですけどね。

街に人が居住すると家庭ごみが発生して、企業が経済活動をすると事業ゴミが発生します。100年後の未来でも、排出されたゴミは収集と処理が問題になっています。

未来都市ではゴミの収集は人型ロボットが行います。

一般ゴミと事業ゴミは、プラ、木材、段ボール、新聞などの紙類、鉄類、陶器、空き缶など現在と変わらない仕様で回収されます。分別されているので、回収したゴミは集積所でロボット技術を利用して流れ作業で細かく分類され、資源の再利用をします。

家庭で発生する生ゴミは、紙類、不燃物は再利用に回し、食品廃棄物などは発酵させて下水処理で発生したガスと混ぜて無害化のエネルギーに変換、固定物は肥料と混ぜて野菜工場のたい肥として利用します。たい肥で育てた野菜類は食料となり、人に食べられて排出され未来都市の中で循環します。

地球上で発生したゴミはやはり地球の土に戻し、街の中で出来たゴミは全て神戸未来都市内で処理して無害にしてしまいます。江戸時代、明治、大正、昭和前半時代、農家の生ゴミ処理は各家庭の中で処理されていた時代を思い出してください。廃棄物を有用な資源に変える技術開発が進化します。

59

未来では水は貴重な資源、真水を無駄にしない高度な下水処理に

未来都市神戸では、下水配管はトイレ、台所などの汚物配管用と風呂、洗濯排水系配管と下水配管二本立てです。

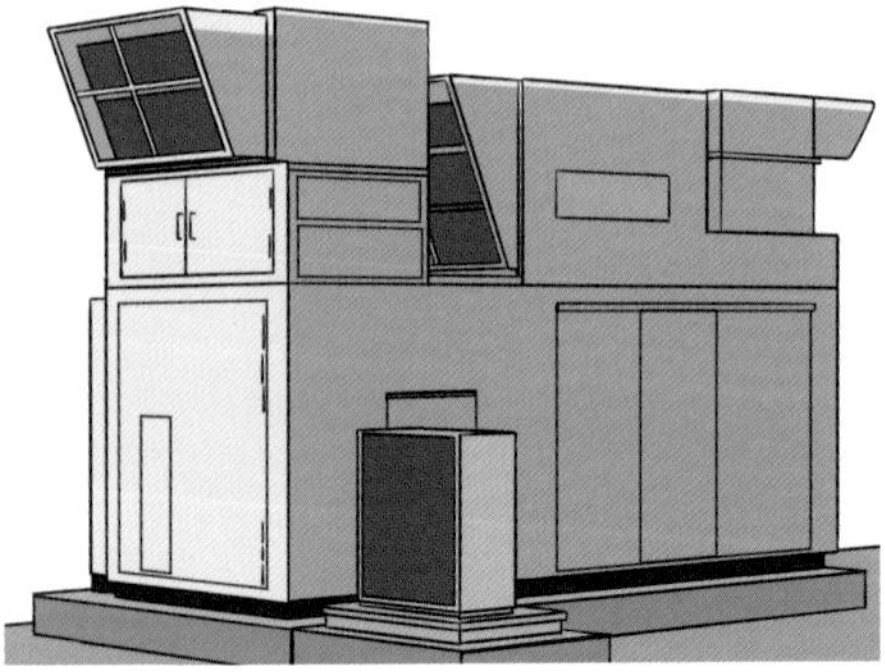

汚物用からはガス、肥料を取り出し、無害化が絶対です。風呂、洗濯、洗面の排水は、二次水道水に高度処理をして飲料、風呂、洗濯用に真水の利用度をリサイクル方式にします。

ゴミの発生を少なくする事に加え、出来た事業ゴミを処理する次の問題は人の糞尿の処理です。同時に台所、飲食店、事務所から排出される下水道排水管は未来都市では風呂、洗面所、洗濯排水と、トイレ、台所用の下水管と二種類になります。

洗面所、風呂、洗濯水は飲料用の高度浄化処理で二次水道水として街に還流されます。トイレ、台所の下水配管はプラットフォームの下部の下水管に流され、一か所に纏められプールの中で圧力を掛けてフィルターを通して、固形物は発酵処理で発生したガスはタンクに貯留し、固形物の燃える成分は貯留したガスで燃やして高温温

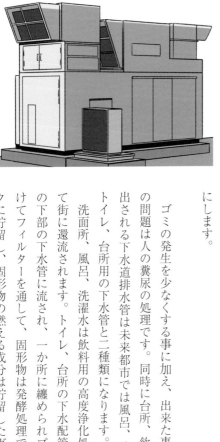

水を造り、街の建物に配湯して事務所や家庭での暖房と給湯が出来るようにします。

最後に残る焼却灰などの固形物は肥料成分に分解して、未来都市の食料生産工場の増産に寄与します。

100年後には世界中で真水の利用が増えて、逆に地球温暖化で真水の減る地球上で真水が貴重な資源になる事を先取りします。私達の世代では水の悩み事は感じないでしょうが、未来には地球上から北極と南極の氷が海水になり、陸上の真水の貯水量も減って、人類は悩みます。未来を予測する人は飲料水が一番大事な事を、知っているはずだと思います。

60

海水を精製して出来た真水を一次、二次の二系統配水管にする

未来都市では、下水道処理水を第二水道と海水から精製した飲料水道の第一水道の二本立てになります。自然災害による安定供給の自立が完全です。

次に未来都市は自立型都市として、現在の下水と給水配管の二本立てから、給水配管2本、下水管が2本の計4本の配管を張り巡らします。

下水道配管はトイレ、台所排水管と、洗濯水、風呂、洗面所の排水管との配管を2種に分けます。給水管も二本立てです。飲料用の一つは海水を浄化した一次給水管、もう一つは洗面、風呂の下水を浄化して飲料用の水、風呂、洗濯水、洗面用と台所用に利用する二次水道水の二本立てです（二次水道も飲料になります）。

現在一般家庭では飲料水に使う水道水をトイレの洗浄水に利用していますが、高度処理された貴重な真水をモッタイナイと思います。洗濯用水、トイレ用、風呂用に下水処理水道を利用するのが未来のモデルです。

ゴミやし尿は街の中で全て処理します。ゴミ類は資源ゴミと分別処理で燃える物は燃料にして温水に返還して未来都市の食物製造工場とホテル、マンションなどの施設に配湯します。トイレ、台所排水などのし尿汚物は汚物下水管を通じて回収され、水分と固形物に分けて固形物は肥料や燃料に変換され未来都市野菜工場で利用されて、処理途中に発生したガスは野菜工場などの暖房に利用します。

廃棄物ゼロ、絶対に海に何も流さない、捨てない、が基本です。

飲料水は100%海水を浄化して、真水に変換してプラットホーム下部に取り付けた一次給水配管と排水処理水の2系統の給水を行います。真水を造る費用は神戸市民が利用している水道水と同じように高度処理され、生で飲んでも市水道と変わりません。

当然、海水を真水に変換する処理費用が高くなりますが、配水場所がこの街の限られた面積なので配水管などのランニングコストが抑えられ料金的には現在の水道料金と変わりません。

現在と違うのは、台所排水、トイレの下水管と風呂、洗面、洗濯排水下水道の2系統になります。本当は給水配管を下水処理水と海水浄化水を混ぜて給水配管を一つに絞る方がメンテナンスが楽ですが、下水処理水を飲むことに抵抗感がある日本人の潔癖性の気持ちを考えて二本立てにします。

ご存じですよね、世界中の真水は、たった2・5％、それ以外は海水です。北極と南極の巨大な湖も100年もしないうちに、溶けて流れて海水になり、未来は真水の取り合いになります。日本でも飲料水となる雨は驚くほど沢山降りますが、降った雨は急峻な山の川を急流となって下り、2〜3日でモッタイナイ真水が海に流れて海水になってしまいます。

大量に降る雨が川に流れ、海に流れてしまう前に取水して、将来、日本の美味しい軟水飲料水を外国に売りに行く事も技術革新で採算に合い、世界有数の飲料水輸出大国になれます。

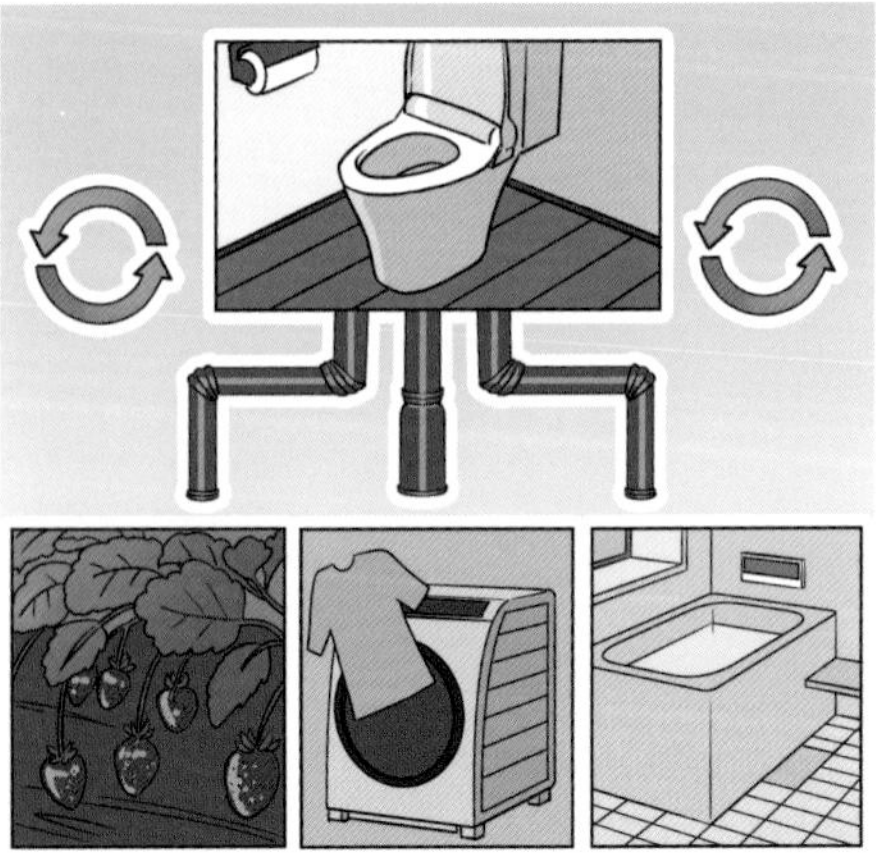

61

ゴミ、汚水、食料廃棄物など捨てる物がないカーボンゼロ社会に

未来都市神戸は海に浮かぶ独立型の都市を目指します。
ゴミ類、汚水、廃棄物を有効利用する技術を確立して、
ゴミ類と下水道の利用循環システムを完全にし、捨てる物がありません。

２０２５年＋建設期間20年の計１２０年先の未来生活は想像し辛いですが、絶対に欠かせないのは、二酸化炭素の排出ゼロが絶対条件です。現在、存在している食品類から日常品、仕事で使う機器まで全てカーボンゼロで製造する技術開発が進むでしょう。そして世界から戦争をゼロにします。どんなに進化して豊かな未来生活が出来ても平和でなければ人生を楽しめません。

戦争の無い平和な地球が理想です。では、未来都市では何が出来るのでしょうか？

２０４５年竣工から１００年後の２１４５年頃の未来都

市では、今の生活環境と随分違います。人類の知性で先端技術を利用して製造業と消費者での地球温暖化防止、排ガスゼロの生活環境が当たり前になります。未来都市では事業活動を行うのも、居住する人達の生活に必要な全てがカーボンゼロ社会です。

1、未来研究機関（日本の理化学研究所、産業技術総合研究所、物質・材料研究機構の3大研究所のような人類の生活を豊かにする世界版の研究所）を新設します。そこで、未来研究の内容を少し説明します。世界中から未来を研究している専門家、科学者を招聘します。地球と人類の未来に希望が持てる社会にする為に未来の環境、平和、食物、進化、に関する前向きな研究を行います。

2、未来の研究専門学校を併設します。卒業者は未来研究機関で働きます。

3、未来都市の動力源を賄う電気製造工程で二酸化炭素排出ガスをゼロにします。

4、未来都市に滞在する人達の飲食物の大半を未来都市の中で賄います。もし、東南海大地震がこの街を襲っても、この街に滞在する人達の飲食、動力源はこの街の中で生産され阪神・淡路大震災のように物資運送手段が絶たれても、この街の人達は安定した日常が過ごせるメリットがあります。

5、未来都市の水道水は海水を浄化して飲料水に変えます。120年後の未来は飲料水が世界で不足します。水不足は深刻で世界で真水の取り合いになるでしょう。

6、トイレ、台所、洗濯排水などの汚物下水は完全に浄化して2次水道水に利用します。人が食べれば排泄があります。排泄物とゴミ類は一か所に集められ、水分は2次水道水に風呂、トイレ、洗濯用に利用されます。

水分以外の排泄物はゴミ類と一緒に密閉されて肥料となる自然分解を理想とします。当然ガスが発生するので、ガスを利用して野菜工場、ホテルなどの給湯に利用されます。

7、食品ロスをゼロにします。食事の残飯を回収して土と肥料にして未来都市野菜工場で使用。未来都市で造られる野菜、果物などの栽培用に利用します。

120年後の未来に生きる私達の子孫は、先祖の私達が環境保護に制限なく過ごしてきた地球環境を、22世紀前半までに改善する責任を担って生活します。

先祖の私達が子孫の為に重要な何かを残しませんか？　それは、私達の時代に、地球上から戦争を無くし新しい世界を創る事です。

世界の人が戦争は益にならない無駄な行為だと思えるよう、幼児から教育方針を変えましょう。世界中の人全員が平和を望んで手を挙げれば直ぐに出来る事です。国のリーダーも民衆の声に勝てません。国を変えるのは国民です。その国民を育てるのは教育です。理想社会を目指した教育方針を学ぶのが未来都市です。

政治家も、国民も、学者も、マスコミ、報道関係の皆様も、私達の子孫が豊かに生活できる経済と地球環境を、平和を、そして未来が現在より豊かであると約束出来る仕事をお願いします。未来に責任を持てる仕事をしてくださるよう、願うばかりです。

第6章　未来都市を実現する為の課題

62

巨額な建設資金は誰が負担する？

完成すると世界中の政治家が官僚と大企業経営者を引き連れて視察に来ます。
それよりも、未来都市神戸の建設資金はなんぼ？
資金を出すのは、このプロジェクトを考えた人、ではありません。

神戸の未来都市は良い事ばかりで素晴らしいプロジェクトです。

未来都市が完成すると国内よりも国外の政治リーダーが大臣を引き連れて視察に訪れます。

大企業経営者、政府の官僚、国を代表する科学者や専門家も一緒に、将来に役立つ情報を仕入れに、自国の発展を目指して、大挙して見学に来るでしょう。

外国からの沢山の観光客も、まだ見ぬ未来都市社会を体験しに押し寄せます。

江戸時代のお伊勢参りのように、一生に一度は行きたい未来都市神戸になれます。旅行者の憧れのメッカが誕生します。

そして、地球温暖化の影響で海の中に沈みゆく国のリーダーから未来都市のようなプラットホーム型、海上空中都市の建設に日本の技術提携オファーが舞い込み、日本のスーパーゼネコンの活躍が期待されます。そうです、海上都市の輸出が始まります。需要は多いですよ。その前に未来都市神戸の誕生には、建設資金が要ります。

なんぼお金が掛かるの？
誰が？
何処から建設費を出すの？
いつ頃、完成するの？
建設資金は回収出来る？
年間どの位の観光客が未来都市神戸を訪れる？
クエスチョンだらけですね。

63

投資資金5兆円の価値を数倍に

たった5兆円の建設費を負担すれば、１００年先の未来エキスパートとして日本が世界をリードする国になれ、太陽の昇るが如き日本になれます。

前回の続きです。未来都市の完成時点での建設費は約5兆円を超えるでしょう。

5兆円のお金を解りやすくどの位の量か目で見られるようにcmで表し説明します。

新札の一万円のお札を束ねると１００万円で１cmの厚みになります。

この方法で計算すると、1億円は１ｍの高さになります。

私の身長は１７２cmですから、お金を背の高さまで積み上げると1億７２００万円分。この計算でいくと１０００億円は道路の横に束ねると１kmになり、人が散歩すると約15分掛かります。縦に並べると富士山の頂上でも３、７７６億円位です。フルマラソンでは４２・１９５km走る距離でも４兆２１９５億円です。それを上回る、５兆円超えです。日本国民に一人４万円配る位のデッカイ費用です。

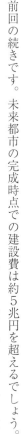

随分高額な費用になるでしょう。だが、完成すると費用対効果は抜群に良好な結果になります。日本の建設技術の凄さを世界に示し、プラットホーム型未来都市の輸出で日本ゼネコンは引っ張りだこになります。１００年先の未来社会の体験に、世界中の人が押し寄せます。観光客の来神で神戸経済の高揚と大阪、京都、東京など三都市観光を手始めに日本旅行ブームが到来します、経済効果は日本全国に及ぶでしょう。５兆円位、数年もしないうちに何倍もの経済効果を日本にもたらします。

有名な経済人が、「やってみなはれ」と言った逸話が残っています。良いように解釈しましょう。

日本国民全員に関わらず世界中からアイデアを募集して未来都市機能が解ると、思い切って投資しましょう。ダメだと言う前に出来る話を進める方が成功率は上がります。

64

出来ない事でも可能にする能力を人は宿している

素人のバカなアイデアなんて無駄と考えるより、日本人全員の知力と想像力と技術力で未来都市を完成させて世界中の人を驚愕の渦に巻き込みませんか。

出生率が下がり、人口減少が著しい日本、かつては世界第２位の経済大国で世界から注目されていた国

でしたが、最近の日本は元気がありません……。
そんな日本を元気にする為に未来都市・神戸の構想を私は考えました。
素人の考えた夢みたいな話に投資出来ないと考えるのではなく、どうすれば未来に世界の国から注目される国になるかを考えて欲しいのです。
120年先の未来の街を建設する、そんな夢みたいな個人のアイデアは無視しよう。出来るわけないと一蹴する前に、実現に少しでも近づける為に一緒に考えてみましょう。貴方を、そして未来の日本人を元気にしたいのです。

私の計画では、2045年頃に未来都市神戸が完成します、そこから100年後の2145年頃の社会生活はどのように進化しているか？　誰しも見たい、体験したい、未来の夢を求めて世界中のリーダーが次々と来日します。リーダーは自国の官僚と自国を代表する有名企業の経営者と経済学専門家、未来科学研究者を引き連れて、世の中の進化を自国の経済に融合させるべく何日も滞在します。

日本の総理大臣は日本国にいながら、世界のリーダーと外交しながら国ごとの大企業の経営者とも面談して、日本の国益と相手国の国益を尊重しながらトップ同士のビジネスが毎日出来る最大の効果が生まれます。

当然GAFAも来るでしょうが、この未来都市での体験結果をチャンスに変えて100年後の未来にGAFAを超える、時代を先取りする企業がこの街から新しく生まれてくると思います。

世界を動かす企業が未来都市で成長すれば経済利益を国が吸収する事になり、国も関西圏も兵庫県、神戸市も潤います。5兆円を超える投資効果は国民一人当たり4万円位ですが、5兆円が数倍になる経済効果が望めます。

大事な事は、神戸市の未来都市が世界中の注目を集め、神戸が世界一の観光都市になり日本国が投資した事業効果で日本の企業と国民生活が豊かになり、人口減を食い止めて出生率が増加して活気ある日本国に変化する事です。世界最多の借金大国日本を救うアイデアが日本の未来を豊かに出来ます。

そんな夢みたいな事が出来る訳ないと考えるより、どうすれば夢が実現して日本の技術を世界に示し、昔の技術大国になるか皆で出来る事を話し合いましょう。出来ない事を実現させる能力を人間は宿しています。国民全ての人智を集めて未来の日本国が豊かになれるチャンスを創りませんか?

例年のしきたりを重んじた変わり映えしない政策よりも、思い切った大胆な想像力と発想、豊かな知性を持ち、信頼出来る日本の未来政策を描ける実行力のある人物を国会に送りましょう。

日本もこのままの政策を例年通り実行していると、貴方の時代はまぁーまぁーの人生だけど、貴方の子供、孫、ひ孫の世代は困窮した生活が待っています。なんて、哀れでしょう。彼等の人生を明るい豊かな社会に変換出来るのは、貴方ですよ！

65

貴方のアイデアが未来への開発を加速する

１２０年後の未来社会はどのように進化するか解らないので、夢と想像のアイデアを世界中の人から募集します、誰でも応募出来ます。

貴方が頭に描いた事を現実にするのが技術開発です。未来都市神戸の実現不可能なアイデアも終わりに近づきました。

何度も言います、そんな事は出来っこない、不可能と一蹴して、終わらすようでは世界をリードして経済発展を目指す日本は、世界から忘れ去られてしまいます。

不可能な事が実現化した時、世界に無い、人を引き付ける新しい魅力のある物を実現させるから人は驚き、利便性を自分で試す為に購入します。

日本の過去を振り返ると私達の先輩が世界に実存していない物を販売してきました。

日本が先進国２番目として世界をリードしていた時代を思い起こして欲しい。私一人が想像した１２０

年先の未来の生活環境を少し描いていますが、一人の考案よりも日本国中の科学者、技術者、大学生、高校生も、小中生も未来はこんな便利な世の中になれば良いなと頭の中で、心の中で思い描いた事が実現化されれば、世界の人に感動を与え豊かな未来が期待されます。

そうです、未来都市神戸を読んで戴いた貴方、貴方の、アイデアを未来都市が完成する２０４８年までに実現化させれば、世界が驚き、世界中の国が競って未来への開発が加速する導火線になります。日本が再び世界の注目国家になれます。

そして、貴方の夢の構想アイデアが現実化されるのです、日本の技術者は貴方のアイデアを実現出来る実力を有していると信じています。

66

地球温暖化による海面上昇により、プラットホーム型未来都市建設が急務に

プラットホーム型未来都市が完成すると、世界中から輸出依頼と技術協力依頼が殺到します。

此のプロジェクト構想を書籍にして個人が出版しても誰も振り向かないでしょう。でも、絶対に無理、バカな話で終わって欲しくありません。

日本の現状政策では、100年後の日本は人口3000万人の小さな魅力のない島国で、終わってしまいます。

未来に発展する国は一部のアフリカ系と南アメリカ、インドを含むアジア圏とEUなどの食料自給国、日本は人口が現在の4分の3の8000万人減り、逆に農業分野は自給自足出来るようになります。

住宅事情も、中古住宅が誰でも手に入る程の低価格で取得出来て、冬は沖縄で住む家、夏には北海道の避暑用の家など、一人で複数の家を所有するのが当たり前の時代になります。問題は人が住まない100年を超えるマンションや住宅の空き家問題がネックになります。

このプロジェクトを推進する人が現れなければ、グッドアイデアも唯の絵に描いた餅です。このプロジェクトを世界に拡散させて日本と世界の知恵ある人が取り上げて、宣伝してくれなければ、夢で終わります。

余りにも突拍子の無い、素人計画だから、出来たら良いけど、日本では無理だよねと言われそうです。どんな知識のある人でも、むしろ知識人程、出来ない判断をされるように思います。

でも、50年後は地球温暖化による海面上昇により、地球規模で海岸線が減少するでしょう。そうなると、プラットホーム型未来都市が必要になる国が増えます。これに似たプロジェクト計画が次々に完成すると誰かが呟きます。50年程前に計画していた先人がいたよ、残念ですがそれだけでも私は良いのです。

そこで、政治家を目指す若者に一言、政治家とは未来の展望を描きながら、日本国家１００年の大計を掲げて、実行出来る道筋をつけ、国民の未来を豊かに、世界平和を約束しなければなりません。

その政治家を育てるのは国民の目です。すなわち、貴方です。

国民が政治家を選び、選ばれた政治家が官僚を指導して、子供の教育方針を変える事から始めなければなりません。最初の一歩は政治家を選び、二歩目は教育を変えましょう。

一人も戦争の犠牲にしない、世界平和と人類の平等と、礼儀礼節を学んだ子供達が次の時代に世界国家を建立すれば、世界から、飢えと人類の平等と宗教の自由、戦争回避、世界中の国が一つになって、環境も地球資源も守れます。

67

日本のトップが外遊して国内外から資金を調達

日本国首相が建設資金調達のための外遊で想像を超える資金が集まるでしょう。
未来都市社会の仕組みは何処の国も知りたい情報です。

未来都市神戸は面白そうだけど、５兆円も掛けて失敗したらどうするの？

夢のようなバカで、突拍子もない素人考案事業に莫大なお金を投資出来る訳ないと、決めつけないでください。貴方がマンションを購入した時、ローンの額と返済期限に心配しながら購入した時の一大決心を思い出してください。

人は旅をします、何が人を旅へ誘うのでしょうか、何を求めて見知らぬ世界を旅するのでしょうか。人はまだ見ぬ世界を試しに旅立つのです。

日本を代表するテーマパークの娯楽を楽しむ事も人を引き付けますが、あり得ない世界、夢の世界を創るから世界中の人が驚き、世界初100年先の未来社会を体験出来る場所があれば誰しもが行きたいと思います。

海外から日本旅行費用を負担出来る人は、必ず人生に一度以上は来日します。

出来ないだろうと考えず、リスクを恐れず、未来都市神戸を建設しましょう。世界で誰も描かない、夢の世界、あり得ない世界初の未来都市を誕生させましょう。
未来都市を建設する建設的な議論から始めましょう。一人の思い付きの発想では心もとないので、日本国を代表する識者多数のご判断をいただき、建設的な意見を集約させて、実現可能性と採算性も議論いただき、誰もが一生に一度は見たい、行きたい、世界で一番魅力ある観光地、日本の未来都市神戸が出来れば日本の国益は計り知れません。未来都市で一番恩恵を受けるのは、勿論、神戸市と兵庫県ですが、兵庫県と神戸市単体で事業をするには無理がある、イヤ不可能で

す。

5兆円のお金を拠出出来るのは日本国しかないですね。政治家がこれ以上国の借金を恐れるなら、もう一つ、日本国の元首が自ら外遊して建設資金を調達するのです。

世界中の金持ち国家、大企業経営者に会い、世界の大富豪に協力要請して投資していただく方法もあります。

未だ、日本の国家としての信用力がある今の間に、日本国が中心になって世界からお金を集めて事業を完成させましょう。

兵庫県と神戸市は一大決心で、市民と国民に夢の世界を具現化しましょう。

人生一度は一大決心して家を購入する時、借入しますね。それの大きい版です。

68

プラットホーム型都市だから何処にでも建設出来る、場所を選ばない

プラットホーム型未来都市は何処にでも建設出来ます。

海に沈む国の首都を建設、海上の飛行場増設など利用価値は高いです。

未来都市神戸が完成すると、世界中からプラットホーム型未来都市の建設輸出依頼が殺到します。

このまま、地球温暖化が進行すると近い将来には南極と北極の氷も陸上のアルプスの山々の氷も溶けて流れて膨大な量の真水が海水に混ざります。増えるのは海水だけ、そこで注目されるのが海上都市の発想です。

この大胆なプロジェクトは日本国、神戸市だけの未来都市ではありません。100年先の未来には地球温暖化の影響で海面が上昇してゼロメートル都市の海岸線が消滅、国土が海に没してしまう国が多数出現します。こうした危機的な状況を救う救世主になります。

発想を変えれば、海上でなくても良いのです。大きな河川上にも、砂漠地帯にも、飛行場の用地で悩むより、海上飛行場建設が可能になり、地球上の何処にでも建設可能です。プラットホーム型未来都市は何処でも建設出来ます。

海に没する国の首都をプラットホームにする事で国の安全性を保てます。費用を心配するなら、海上からプラットホームまでの高さを低く抑えれば随分安く広大で安全な埋め立てによらない土地がいくらでも誕生出来ます。

神戸未来都市と同じように風力発電利用で海水から真水を取り出し、野菜工場で新鮮な野菜を作り、自然災害に強い都市が誕生出来ます。

未来都市神戸が誕生すると世界の都市国家の形態が大きく変わる事になります。凄い事になります。

未来都市神戸が成功すれば人類の未来に大きく貢献します。反対に未来都市が建設出来なかったら、人類の未来に大きな損失となります。

この本をお読みいただいた貴方にお願いです。

ネットで拡散していただければ嬉しいです。出来るだけ多くのご賛同をいただきますよう、大きなウェーブに育てて下さい。

69

日本に移民を受け入れる勇気が必要

日本活性化計画に移民政策も考えられる為、受け入れる私達の心を変える勇気が試されます。

未来都市神戸の役割、日本に外国人が沢山来日して、やがて日本に帰化する人口が増えます。

人口減を食い止めるには日本人が変わらなければなりません。外国人を温かく迎える心の余裕と人に対する優しさが日本を豊かにします。

未来都市神戸が完成する予定の2045年頃の日本の人口は、一億500万人位でしょうか。2023年から毎年減り続け、果て知れぬ未来にはゼロになる可能性も。そんな日本を元気にするには、移民政策が必要であり、その政策を可能にするのが未来都市神戸を完成させる事です。

未来都市神戸に観光で訪れた外国人が日本国に興味を持ち、日本で一生を過ごしたいと思うようになれば、世界中から大量の移住者が日本に移住します。甘い考えかも知れません。なぜなら、日本国に住む外国人の数はまだ少数で殆どは日本人が占めています。

世界の国は約200国近く、各国の法律も教育も道徳、礼儀、信仰、しきたり、食べ物、衣服もさまざまで、特に言葉の問題が最悪です。日本人は外国語に弱い民族です。外国人を迎え入れる移住問題は政治的な問題と、日本人の閉鎖的な心の問題を解決するところから始めなければなりません。

急激な変化を受け入れない人の反対意見が大半と思います。ヨーロッパ系、中国系、アフリカ系、アラブ系、アメリカ系と国籍が違えば風習、生活習慣も違う民族が一緒に住む、と言えば大勢の方からお叱りを受けそうな気がします。

未来の日本経済発展を選択すれば異民族が混在する日本も法律を変えるだけでなく、一方で他民族を敬遠する方の思いも考えなければなりませんね。

未来の発展とは、沢山の何かの犠牲の上に成り立つのでしょう。政治的、統計学と学問的に人口問題を移民政策のエキスパートの先生が本気で考える時が来ています。国民も、政治家も今、始めましょう。遅れると人口問題を解決する時間が遅くなります。

70

未来都市神戸は世界のモデル都市

未来都市テーマは、22世紀に世界中の人が望む、未来社会の小さなモデルです。

私達が現代の早い時期に始めなければならない事があります。それは、120年後の未来に生きる私達の子孫が豊かに幸せで暮らせるように、未来を見据えた政策を果たさなければならないということです。

スタートが遅れれば未来にダメージが大きくなり、地球は人類に鉄槌を下すでしょう。世界の政治家が

その事を知りながら対策を怠る事の責任は余りにも大きいと思います。

誰も未来に生き永らえる人はいませんから、未来の結果に責任を取る人はいません。すると何ともむなしい事になります。未来都市神戸は１２０年後の人類の生活環境を具現化しながら、未来の為に現世の私達がやらなければならない事を学ぶ場所です。世界的に大変重要なモデル都市です。

未来都市神戸は動植物と人類の滅亡を防ぎ、未来に希望のある明るい生活環境を整える手段でもあります。重要な未来モデル都市を完成させましょう。

１、科学の進化を促しながら、人類が豊かで余裕のある生活が出来る社会環境を実現する

２、地球上の人類と動植物の生存に適した気候環境を整える

３、世界中の核弾頭とミサイルを廃棄して、戦争の無い平和な生活を約束する

４、世界から飢える人を無くす

以上１～４の重要なテーマを解決する為、未来都市神戸は「小さな地球モデル」です。

未来を体験し、学び研究して、現代に生きる私達がするべき事を世界に訴える役目を背負っています。未来都市神戸が出来るか、出来ないかで私達の子孫の幸不幸が変わります。

その時貴方は生きていなくても、貴方が未来を豊かに出来るのです。

71

未来都市計画は日本再生の起爆剤に

とんでもないバカなアイデアですが、世界に類を見ない大胆な発想を具現化すれば世界が注目します。すると日本が太陽の昇る国に変わります。

新生児が減り、経済活動も沈滞している日本を立て直す。給料も30年間据え置きの日本、世界経済に取り残された沈みゆく日本の活性化を思い切った手段で一気呵成に世界の注目国になれる未来都市建設を日本国民の貴方に語り掛けます。

貴方の時代はそこそこ良い時代でしたが、今から120年先の2145年頃に生まれた貴方の子孫が幸せに過ごせる環境を私達の時代で考えてみましょう。

日本も2025年から30年後には人口一億人以下、人口が増えない国では経済が沈滞化して豊かな生活が出来る環境にならないかも。貴方の子孫が経済的に豊かでなければ幸せ度は半減します。生まれて来た時代を嘆き先祖を敬う事は出来ないでしょう。

だから、今を生きる貴方がすべき事は、子孫に豊かで経済的に恵まれた日本を作る事です。貴方が働いている企業が未来を向いて進化していれば良いのですが、30年後に無くなる職業もあります。反対に新しい職業を生み出した企業は繁栄をもたらします。

生活の安定した国を造らなければ安心して子供を沢山生む事も出来ないので、給料が上がる仕組みなど生活基盤の安定が必要です。世界で活躍している大企業が日本に投資したい魅力ある120年後の未来都市神戸を竣工させる事で、世界で一番行きたい国になります。

とんでもないアイデアですが、世界に無い、世界中のリーダーと大企業が興味を示し、それぞれの国に持ち帰り、未来への研究開発に利用します。地球温暖化で海水の中に没する国の海上都市の構想に日本企業が関わり、技術を世界に売り込みます。

世界中から観光客を招き、体験してもらい、未来社会を予知して新しい技術開発が進化して、見た事のない、考えた事のない、新しい事業が生まれます。

その最先端を日本が担うのです。見違える程の成果で日本経済が上昇して多額の借金をしている日本を豊かにするのです。

給料もＵＰして人口減の抑制も出来るのです。


日本の未来に希望の持てる太陽が昇る国ニッポンを目指します。大胆な発想力を、成功させる実現性と、思い切った投資の成果を描き、不可能を可能にしましょう。


１００年先の未来はどんな世界か？

貴方の想像力を、アイデアを求めています。一緒に考えませんか？

72

プロジェクトリーダーは歴史に刻まれる

このプロジェクトを完成させた人は、日本紙幣1万円の顔になるかも知れません。


いよいよ着工の準備に入ります。

計画の認可から着工、竣工までの期間は20年間、沢山の協議事項が続きます。何事も時間を節約する為に全て同時進行、早期着工で２０４５年頃に完成する予定です。

もし、2025年頃に、この構想が神戸市、兵庫県と近隣市町村自治体を経て、政治的協議で与党、野党関係なく満場一致で国会承認を得ると、予算獲得の為に総理大臣が世界に向けて建設費投資要請説明に外遊します。

世界各国を回り、サウジアラビアなどの富裕な国家、超巨大企業、大富裕層がこのプロジェクト投資を引き受けて5兆円予算獲得が実現出来るようになれば、着工します。この構想を実現させた時の総理大臣は歴史に名前を残すでしょう。1万円札の顔になれるかも（紙幣が発行されない時代になる可能性も有ります）。

その前に神戸未来都市の建設が国会で討議される前に、地元で未来都市建設による被害が及ぶ関連関係との損害弁済の折衝を終える必要があります。国会承認3年後の2030年頃着工になります。

高層タワーの基礎になる部分を埋め立て240mの高層建築物の地盤安定工事と同時にプラットホームを支える柱部分基礎工事に取り掛かりながら、プラットホーム構造物の建設を始めます。

プラットホームは長さ7km、幅2kmの構造物なので、中心部から東西南北8か所から同時に建設を開始して、着工から完成までの期間短縮が出来ます。プラットホームの一部が完成すると完成部分から、地上の建物の建設が始まり、着工から15年後、２０４５年頃に完成します。
もしかすると発案者は黄泉の世界にいて完成を見る事が出来ないのは残念です。この本を読まれる貴方は２０４５年何歳になっていますか？

運よくお元気でしたら　未来都市神戸で22世紀を堪能ください。ご招待させていただきます。

73

未来都市神戸構想

世界一のエンターテインメント効果と
世界中の企業が最も知りたい、見た事もない未来の商品が誰でも使えます。
千葉のテーマパークは夢の世界を体験出来、
関西のテーマパークは映画の世界に人を引き込みます。
未来都市神戸は１００年先の未来都市を体験出来て、
世界の１００年先の社会モデル都市を予測します。

このプロジェクトを成功に導くのは出来ないと否定するより、誰もが出来ないバカなアイデアだけど出来たら凄い、面白いと思い、絶対自分の人生で見られない１００年先の社会体験をしたいと世界中から人が押し寄せます。

現世に見た事もない人類の利便性に満ち溢れた夢の世界を体験した人は１００年先の未来に希望を持ち、人類の叡智に感動するでしょう。

私達は、出来ないと思って、結局やらないのではなく、出来ないけど、どうすれば可能かと、ポジティブに考えましょう。誰も出来ないと思う事を、実際に創ってしまえば、それが当たり前、普通の常識になります。大きな投資ですが、出来ると観光客だけでなく、未来を支える商品製造企業が潤い、未来都市神戸の基盤となるプラットホーム型未来都市建設に携わった建設関係企業の空中都市の輸出を世界が待っています。

飛行場を陸上から洋上飛行場に転用出来ます。最大のメリットは海に没する国の助けになり、日本の建設業の最先端技術が一挙に世界に拡がります。

神戸市だけの経済浮揚でなく、大阪、京都の関西圏を超えて、東京や日本全国を世界中にアピールするチャンスが生まれます。

１００年先の誰も考えられない夢の未来社会、人が想像するだけの社会が現世に出来れば、驚きの体験を求めて世界中の人が押し寄せて来ます。

このプロジェクトを成功させるのは、２０４５年頃から１００年先の未来社会状況を予測して１００年先に人を支える新たな発明が出来るかに関わっています。１００年先に人類に役に立つ衣食住と人に役立つ新製品、人の移動に関わる商品、それはどんな物？

世界中の全ての人にアイデアを募集します。素晴らしい結果が出るでしょう。

２０４５年から１００年先には夢の超特急新幹線も古い交通手段になっているでしょう。それを超える位の交通手段のアイデアを募る事から始めます。衣食住も世界の夢を持ち想像力を生かして、ヒントを得たら、その商品を現実化出来る企業の協力で人類に役に立ち、地球環境に優しい何かを造ってもらうのです。

いつの間に、日本人は現状維持主義になったのでしょうか。未来志向と発想力によって進化するのが人間です。忘れましたか？　出来ない事と考えず、出来ない事を、実現出来るように前向きに取り組めば何とかなります。

明石海峡大橋は原口忠次郎さんの構想が実現しています。神戸は国際空港の地位を捨てました、今、反省していませんか？　最後のチャンスです。自然災害に強い街の世界モデルにチャレンジしましょう。

未来都市神戸が世界の未来社会のモデル、パイオニアになり世界の歴史を創ります。

少子化と人口減で経済力の低下、借金大国、夕日のように沈みゆく日本を、陽が昇る国に変える事が可能になります。日本国の浮沈を賭けて成功に結び付けたいのです。

神戸を愛し、日本の自由主義を大事に、日本の経済発展と世界から核とミサイルを廃棄して戦争の無い世界を創りましょう。

74

未来都市神戸構想の終わりに
もう一つ大きなプロジェクトを如何でしょうか。

瀬戸内海に3つ目の巨大橋、大阪湾ベイブリッジを建設します、どれ程の経済効果をもたらすか検証が必要です。

現在、元神戸市長の原口忠次郎さんが描いた明石海峡大橋で関西圏と四国圏の輸送ルートが出来て、経済と生活の利便性の向上とともに、環境負荷の減少に大きく貢献していますが、もう一つのビッグプロジェクトは関西国際空港周辺から集約された荷物の運輸を大阪、神戸の関西経済圏から西の九州まで繋ぐ交通システムの画期的な解決策です。

現在、大阪湾岸線、阪神高速といつも渋滞が生じており、高速道路上の渋滞は人的コストの無駄、余分な燃料の排出で環境にも良くありません。

そこで未来都市神戸構想が完成すれば、未来都市は神戸沖7㎞まで大阪湾上に出来るこの未来都市神戸を利用します。明石海峡大橋に次ぐ大阪湾ベイブリッジを建設します。神戸から関西国際空港エリア迄橋を造るか、海底トンネルを掘ります。

どちらにメリットがあるか検討は必要ですが、神戸から大阪市泉佐野市まで大阪市内を巡らずに直接連絡道路が出来るメリットは関西経済界の底上げと、いつも渋滞している高速道路での燃料損失回避で環境改善とコスト削減、無駄な時間を動かない車の中で過ごすドライバーの人的損失回避です。九州、中国圏から大阪市を通らず、神戸市経由で大阪府泉南市を越えて奈良県、三重県、中京圏に近道出来るアクセスが完成すると神戸市内から関西国際空港へ30分で到着出来ます。

未来は、ドローン車が海上を行き来しているだろうけど、電池で稼働するので大型バスのように数十人を一度に運ぶ事は出来ません、やはり地上を走る高速道路は重要な交通手段です。

近畿圏の経済浮揚の一翼を担う大阪湾ベイブリッジ、考えてみては如何でしょうか?

もし、大阪湾ブリッジ、明石海峡大橋、瀬戸大橋の三大ブリッジの路線観光巡りコースが出来上がると、日本人以外の外国人観光客も地方都市へ続々と行くようになるでしょう。

おわりに

お買い求めいただき有難うございます。

２０１９年からブログ「白川欽一地球は一つ」を続けてまいりました。

ブログの中の一部、１００年先の未来都市神戸構想を出版させていただきました。

長文の文章ながら可愛いイラスト作者の方のご努力で、親しみやすく読みやすくなりました。その上、当初から多くの支持者の方にブログをクリックしていただき楽しく継続出来ました事を篤く御礼申し上げます。有難うございます。

地球上に有る構造物は永遠ではありません。ニューヨークの自由の女神像もエンパイアステートビルディングも、サンフランシスコのゴールデンゲートブリッジも年月が過ぎれば経年変化と共に目的を終える時が来ます。

そこで、未来都市の建設設計では京都の寺社が数百年経ってもその価値を残しているように、数百年は利用出来る構造物にします。

この街は地球上のどの街にも無い、１００年先の社会生活と居住空間を保持して、いつの時代にも

１００年先の未来都市を研究開発し進化する都市となり、訪れるゲストを驚かせ未来の世界に案内してくれます。

常に新しい事に挑戦して永遠に進化を遂げていく街だから、世界を常にリードします。つまり、世界の先駆者となります、未来都市神戸が出来ると世界中の都市も神戸をモデルに創られます。

未来都市では水と食料とエネルギーは自給自足して、地球温暖化を防止して、飢えの無い事は戦争も回避出来ます。世界中の人が集い人種と宗教と自由と平和を満喫して、心豊かに過ごす事が出来る、夢の世界を実現させたいのです。

平和で食に困らない世界は理想ではないでしょうか。

夢で終わらずに理想を実現出来るのが人類の素晴らしさです。理想を追い求めて夢を夢で終わらせずに、興味をお持ちいただきますよう、願っています。

神戸の街の雑草爺からのアイデアを本に纏めましたが、未来都市神戸構想は前代未聞、実現不可と一蹴されそうです。残念です。しかし、それを承知で発刊致しました。

せめて、0歳児から英会話教育を始めて20年後には神戸市民が日本語と英会話が可能な二か国語圏にしませんか?

市民による二か国語推進都市として世界が注目する事業になるでしょう。

もし、英語教育を推進して、英語教育が出来る小学、中学が出来ると世界中から外国人が移住を望むでしょう。最も大事なのは神戸市民が移住者を望むか、望まないかの二者択一によります。

多分、神戸市民の多数の賛同を得ると思っています。

未来都市神戸構想、最後までお読みいただき有難うございます。

続いて2024年中に第二巻を発刊します。題名は「地球国を創る」です。内容は、世界中から戦争を無くすと、核もミサイルも地球国が出来れば不要の武器です。世界中で軍事費250兆円が毎年不要になり、そのお金で砂漠の緑化事業を推進します。地球の地下資源、地上の食物、動物、海の魚類、などの人類に必要な資源を地球国で必要な国に配分します。人種、宗教、教育は自由で、誰もが恩恵を受けるようにします。温暖化防止が出来て、飢える人がいない地球国を目指します。

私達の見る事も、会える事もない、200年後の未来に生きる私達の子孫が平和な地球で豊かな生活環境を紡いでいけるような政策を、今、直ぐに始めても良い時期に来ているように感じます。

ご期待ください。

著者プロフィール

白川欽一（しらかわ きんいち）

1968年マンション管理業を始める
2008年NPO法人アマ・バンド＆スポーツを設立
2019年1月から「ONE・EARTH・白川欽一」名でブログを掲載
その中の一部を出版させて戴きます。

神戸市の沖合に、海上に浮かぶ巨大な人工島を建設して、誰も見た事のない100年先の未来都市、超近代都市を誕生させます。

世界中の国を代表するリーダーが大挙視察に来ることでしょう。

世界中の人が一度は訪れたい街、世界一の観光都市をつくり、驚きの世界を実現する計画書です。

未来《みらい》都市《とし》神戸《こうべ》構想《こうそう》
～世界初《せかいはつ》、100年先《ねんさき》の未来《みらい》モデル都市《とし》が神戸《こうべ》に誕生《たんじょう》すると～

2023年9月29日　第1刷発行

著　者　　白川欽一
発行人　　久保田貴幸

発行元　　株式会社 幻冬舎メディアコンサルティング
〒151-0051　東京都渋谷区千駄ヶ谷4-9-7
電話　03-5411-6440（編集）

発売元　　株式会社 幻冬舎
〒151-0051　東京都渋谷区千駄ヶ谷4-9-7
電話　03-5411-6222（営業）

印刷・製本　中央精版印刷株式会社
装　丁　　秋庭祐貴

検印廃止

ISBN 978-4-344-94568-5 C0095
幻冬舎メディアコンサルティングＨＰ
https://www.gentosha-mc.com/